ブロックチェーン システム設計

中村誠吾・中越恭平 ● 著
牧野友紀・宮﨑英樹 ● 監修

リックテレコム

読者特典

本書は電子版でも閲覧できます。

本書をご購入頂き、誠にありがとうございます。本書の内容は簡易電子版コンテンツ（固定レイアウト）の形でも閲覧することができます。詳しくは巻末の「簡易電子版の閲覧方法」をご覧ください。

- 本サービスの提供開始は、**2018年8月10日0:00から**、終了は2028年7月の予定です。

注意

1. 本書は、著者が独自に調査した結果を出版したものです。
2. 本書は万全を期して作成しましたが、万一ご不審な点や誤り、記載漏れ等お気づきの点がありましたら、出版元まで書面にてご連絡ください。
3. 本書の記載内容を運用した結果およびその影響については、上記にかかわらず本書の著者、発行人、発行所、その他関係者のいずれも一切の責任を負いませんので、あらかじめご了承ください。
4. 本書の記載内容は、執筆時点である2018年4月現在において知りうる範囲の情報です。本書の記載内容は、将来予告なしに変更される場合があります。
5. 本書に掲載されている図画、写真画像等は著作物であり、これらの作品のうち著作者が明記されているものの著作権は各々の著作者に帰属します。

商標の扱いについて

1. 本書に記載されている製品名、サービス名、会社名、団体名、およびそれらのロゴマークは、一般に各社または各団体の商標、登録商標または商品名である場合があります。
2. 本書では原則として、本文中において™マーク、®マーク等の表示を省略させていただきました。
3. 本書の本文中では日本法人の会社名を表記する際に、原則として「株式会社」等を省略した略称を記載しています。また、海外法人の会社名を表記する際には、原則として「Inc.」「Co.,Ltd.」等を省略した略称を記載しています。

はじめに

インターネットは情報伝達から距離の制約を取り除き、ブロックチェーンはその情報に真正性を与えました。情報は所有者情報を持ち、単なる文字や画像のデータではなくなりました。当人が間違いなくその価値を所有していることの証明となり、他者との情報交換を通じて、その価値を相手に移転できるようになりました。ブロックチェーンの出現により、近い将来、誰もが自由に誰とでも直接取引できる世界が訪れようとしています。

しかし、全てのシステムを今すぐに、ブロックチェーンに置き換えることはできません。ほかの技術がそうであるように、ブロックチェーンにも向き不向きがあります。これまでは効果にばかり注目が集まりましたが、何を期待すべきかについて理解する時期は過ぎました。今日、求められているのは、ブロックチェーンで何を実現するのかの目的と、適切な利用技術の選択です。

本書はブロックチェーンを活用するシステムについて、“設計の考え方”を提示します。読者の皆さんがブロックチェーンの仕組みを理解し、それをシステムの構成要素として選択し活用する場面で、ぜひ本書を役立ててください。

●本書の想定読者

本書は、主に初級以上のシステムエンジニアの皆さんを中心にして書かれていますが、ブロックチェーンの技術的な特徴に初めて触れる学生さんでも全体を理解できるよう心掛けました。一般ユーザ企業のITエンジニアの方々を含め、ブロックチェーンを活用したシステムの構築にかかわる全ての人が本書の対象です。

●本書が目指すもの

ブロックチェーンの環境構築、あるいは、ブロックチェーン上のプログラムである「スマートコントラクト」の実装技術は重要です。Ethereum や Hyperledger Fabric といった代表的なブロックチェーン基盤に関し、これらを習得している技術者は貴重な存在です。そのことに異論はありません。しかし、顧客や利用者に向けた新たな価値の提供は、ブロックチェーンだけでは実現できません。システム全体を設計し、サービスを利用するための仕組みを構築しなければなりません。特定のソフトウェアに関する詳解はそれぞれの専門書に譲り、本書では、ブロックチェーン全体を1つの構成要素と捉えたときの、システム設計に必要な考え方を解説します。

●本書の構成など

本書は「基礎知識編」と「システム設計編」の２部構成です。第Ⅰ部では、ブロックチェーンを深く知るために、技術的な特徴を支えている仕組みを解説します。第Ⅱ部では、ブロックチェーンをアプリケーションシステムに組み込む場面を想定し、具体的な設計の考え方を展開します。

なお本書では、ブロックチェーンの技術を具体的に解説するために、Ethereum と Hyperledger Fabric を例に挙げ、それぞれのアーキテクチャと、そこに実装するスマートコントラクトのサンプルプログラムを示しています。これらは以下のソフトウェアバージョンを前提にしています。

Ethereum：go-ethereum v1.6.7

Hyperledger Fabric：v1.0.6

Contents 目次

第5章 スマートコントラクト

第6章 ユースケース

第Ⅱ部 システム設計

第7章 基本仕様の策定

第8章 概要設計

第9章 プラットフォームの特性

第10章 詳細アーキテクチャの設計

第11章　設計の実例

付録

第 I 部

基礎知識

第1章

ブロックチェーンへの期待

1　ブロックチェーンが実現する世界

ブロックチェーンは「分散台帳技術」として説明されることがあります。分散台帳の名が表すように、複数のプレイヤー同士がデータを分散して保有し、プレイヤー間でのデータ共有を実現することが１つの特徴として挙げられます。そしてもう１つの特徴は、仮想通貨を使った海外送金サービスによく表れています。すなわち直接取引の実現です。直接取引とは、送金手続きにおける各金融機関のような特定の管理機関を介することなく、取引を行うプレイヤー自らが主体となって行う取引のことです。

このような、複数のプレイヤー同士がデータを共有し、プレイヤーが主体となって取引を行う世界がブロックチェーンによって実現されます。これまでは、表現することが難しかった地域ボランティアのような小さな活動の価値についても、ブロックチェーンを使えば活動を記録し、その情報を複数のプレイヤーで共有することができます。ブロックチェーンへの記録は、その活動が実際になされたことの証明となり、ボランティアによる地域貢献は、地域からの優遇という形で対価を受けることができます。このことは、ボランティアに参加した事実がブロックチェーンによって顕在化され、優遇を受けるという取引がなされたことで新しい価値が生まれたと考えることができます。ブロックチェーンが実現したデータの共有と直接取引は、新しい価値の形を認め、その価値を循環させるような新しいサービスを生み出します。

もし、現在のサービスがブロックチェーンに置き換わるとすると、サービスのあり方はどのように変わるのかを見ていきましょう。

例えば、あるWebサイトを利用するときに、そのサイト独自のアカウントを作らず、Facebookのような SNS（Social Networking Service）のアカウントを使ってログイン認証を行うケースがよくあります。これは、Facebookが多くのアカウント情報を所有しているから実現できる認証サービスであり、Webサイトの運営者や利用者がFacebookを信頼しているから成立しているといえます。このとき、Facebookを経由してあなたが許可すれば、WebサイトはFacebookが所有するあなたの属性情報を利用できるでしょう。あなたの属性情報は、言うまでもなくあなた自身に帰属します。にもかかわらず、Webサイトから見ると、あたかも第三者であるFacebookの許可によって情報を取得しているような振舞いです。

もし、あなたの属性情報をブロックチェーンで管理したらどうなるでしょうか。データの所有者はあなた自身です。Webサイトへのログイン時には、ブロックチェーンが管理するあなたのIDを提示すればよく、Webサイトは直接ブロックチェーンにアクセスしてあなたのIDが正しいことを確認できます。Webサイトがあなたの属性情報にアクセスしたい場合は、あなたが直接Webサイトの運営者に許可するのみです。ここには、Facebookのような特定の管理機関は存在せず、あなた自身が自分の属性情報を管理しているといえます。

さらに、消費者のデータを収集したい企業に、自分の属性情報を公開して報酬を受け取るといったことも実現できます。この取引に仲介者は存在せず、相手企業との直接取引が行われます。このような世界が実現できるのは、ブロックチェーンによって、あなたとWebサイト運営者、データ収集企業という当事者同士でデータが共有され、第三者を介さない直接取引が実現されるからです。そして、管理されるデータの真正性をブロックチェーンが担保しているからです。従来サービス提供者に求められていた信頼を、ブロックチェーンに求めるように変わってきたともいえるでしょう。

ところで、Uberのようなシェアリングサービスが保有する評価データを、ブロックチェーンで管理するようになったら、どうなるでしょうか。あなたがUberを利用するとき、ドライバーの選択基準の1つは当然ドライバーの評価でしょう。Uberではドライバーと乗客が相互に評価しあい、その評価が公開されているからこそ安心して利用できます。それと同時に、あなたがその評価データの正当性を認めているということは、それを管理するUberも信頼していることになります。

もし、ブロックチェーンがサービス提供と独立して評価データを管理すると、どのように変わるでしょうか。 それはUberが利用者に与えている信頼を、ブロックチェーンが代替することを意味します。つまり、特定の企業が中央集権的に管理する世界では、その企業の信頼が重要視されますが、新しい世界では、企業の信頼よりもブロックチェーンの信頼が重要視されるのです。

創業して間もない企業がシェアリングサービスを始めようとしても、信頼の不安がネックになります。そうしたプレイヤーが、ブロックチェーンで評価データを既存のプレイヤーと共有できたら、彼らにとって魅力的な環境となり、より多くの参入者がサービスの多様化を促進するでしょう。

広範なサービスの利用から評価データが得られ、利用者自身がその所有者となり、管理をブロックチェーンが行うとすると、ブロックチェーンには膨大な評価データが集まり、評価データの民衆化が起こることになるでしょう。Uberのような既存企業が、このようなパラダイムシフトを予見して脅威と捉えたら、ブロックチェーンを使った評価データの新たなプラットフォームの開発・運用・維持に投資するようになるかもしれません。そこに様々なサービス提供者が加わり、プラットフォーム上には評価データを活用したサービスが生まれ、新しいエコシステム[注1]が形成される可能性があります。

ブロックチェーンが実現する世界では、このように複数のプレイヤー同士がデータを共有しつつ、相互に自らのデータを管理できることから、取引当事者間での直接取引が可能になります。そして、特定の企業に対する信頼ではなく、ブロックチェーンの仕組みがルールとなり、互いの信頼を担保

注1　「エコシステム」は元来、自然界の生態系を指す語。ある地理的領域において、様々な動植物同士と環境とが有機的な相互依存関係や共生関係を安定的に維持するメカニズムのことです。これを現代のビジネス環境にあてはめ、多彩な企業や団体が業種・業界の違いを越えて連携し合い、安定的な協力・協調関係を築いている様子をここでは指しています。

するといった新しい信頼の形を提供することで、プレイヤーは安心して取引することができます。これまでの特定の企業が単独で市場のシェアを拡大する、または企業同士が戦略を揃え互いの資本や技術を活用し新しい市場に進出する成長のあり方に加え、ブロックチェーンによる別の方法が提唱されます。新しいエコシステムに参加する企業は、必ずしも同じ戦略や利害の一致を必要とせず、ブロックチェーンが管理するデータを共有しあう緩やかな関係でつながることができます。

そして、つなぐためのシステムの構築コストを互いに削減できる可能性があります。参加プレイヤーが順守すべき基本的なルールは、強制力を伴って実現され、プレイヤー同士を緩やかに連携します。この新たな環境は、様々な企業が互いの事業を補完しあう関係を構築し、私たち消費者に多種多様なサービスを提供するプラットフォームとなる可能性があります。

今はまだ、仮想通貨を実現する基盤としてしかブロックチェーンの価値は体験できていないかもしれません。しかしまだまだ発展段階です。今後様々な企業がブロックチェーン上でつながり、新しいサービスが提供されると期待できます。

2 システムの全体像

2.1 基盤技術としてのブロックチェーン

本書を読み進めるにあたり、最初に私たちが認識しなければならないのは、「ブロックチェーンは基盤技術であり、システム構成要素の1つである」ということです。

Bitcoinとブロックチェーンを同じように捉えるのは誤りです。「Bitcoinはブロックチェーン技術を活用したシステムである」と考えてください。図1.1のように、インターネット上で稼働するブロックチェーンを基盤として、アプリケーションやサービスを構築します。Bitcoinは、仮想通貨や決済・送金サービスをブロックチェーン基盤上に構築したものであると考えることが、システムの全体像を捉えるうえでの最初のステップです[注2]。

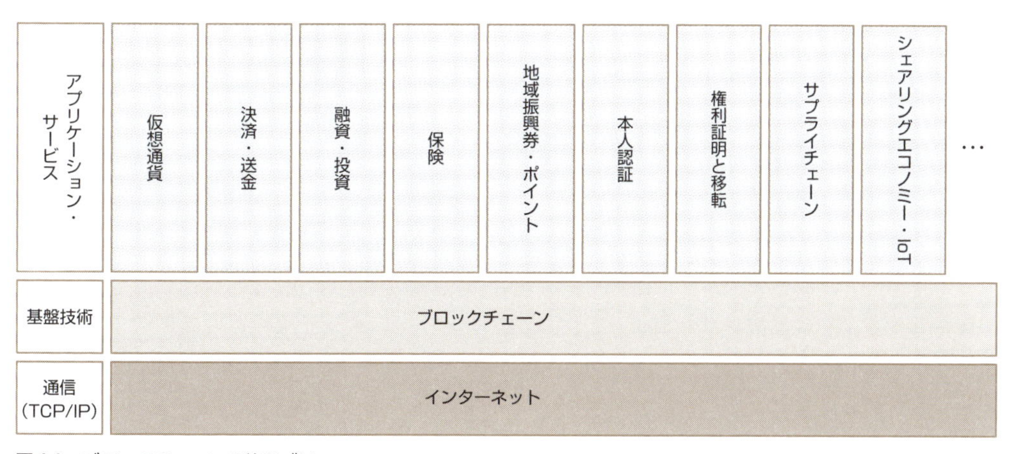

図1.1 ブロックチェーンの位置づけ

次のステップは、システム全体におけるブロックチェーンの役割を知ることです。

本書では、ブロックチェーンをシステム構成要素の1つと捉え、システムにブロックチェーンをどのように組み込み、活用していくかについて説明します。ブロックチェーンの活用の前に、一般的なシステム構成について確認しておきます。

注2 Bitcoinが発表された2008年には、「ブロックチェーン」という言葉はありませんでした。したがって、Bitcoinは、ブロックチェーン技術を活用したシステムではなく、ブロックチェーン技術の開発とサービスの構築がまとめて行われました。しかし、ブロックチェーンの概念が確立した今日、改めてBitcoinのシステムを見てみると、それは「ブロックチェーン基盤上にサービスが構築されている」と見ることができます。

2.2 ブロックチェーンの役割

一般的なシステム構成を図1.2に示します。

ほとんどのシステムでは、何らかのデータを利用するためにデータベースを配置します。そして、そのデータを操作するための業務処理と、利用者からの操作を受け付けるユーザインタフェース(UI)を配置します。また、社内の販売管理システムが経理システムや店舗のPOSと連携するように、ほかのシステムと連携することも珍しくありません。

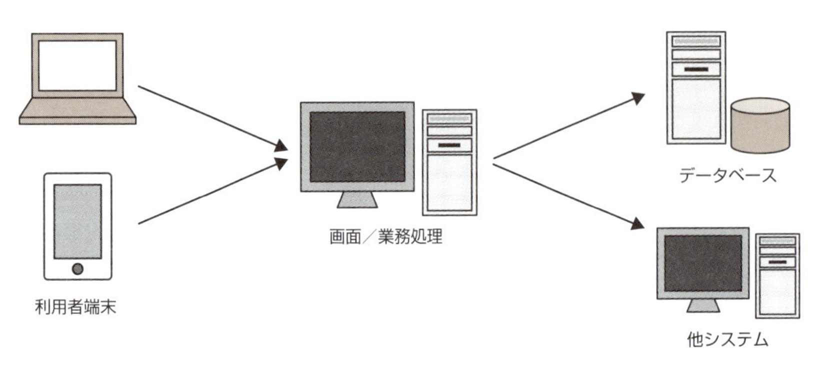

図1.2　一般的なシステム構成

ブロックチェーンは「台帳」と呼ばれるデータを管理するための機能を備えています。Bitcoinが過去の全ての送金取引を記録しているように、ブロックチェーンの台帳には全ての「取引」が記録されます。この記録された取引は、ブロックチェーンによって次の特性を持つようになります。

- 真正性がある（なりすましがなく、取引要求者に偽りがない）
- 改ざん耐性が高い
- 特定の管理者の仲介を必要としない参加者間での直接取引ができる
- 複数の参加者とデータを共有できる
- データ消失時の回復性が高い
- 過去の権利移転が全て記録され、取引を追跡できる（トレーサビリティ）

ブロックチェーンは、システムで扱う全てのデータを管理するのではなく、上記のような特性を持つことに何かしらの恩恵を受けるデータのみを管理します。また、ブロックチェーンは権利移転など取引に係る処理も行い、業務処理の一部も担います。こうしたことから、システムにおけるブロックチェーンの役割は図1.3に示す範囲であり、ブロックチェーンを活用したシステムの構成は図1.4のようになります。

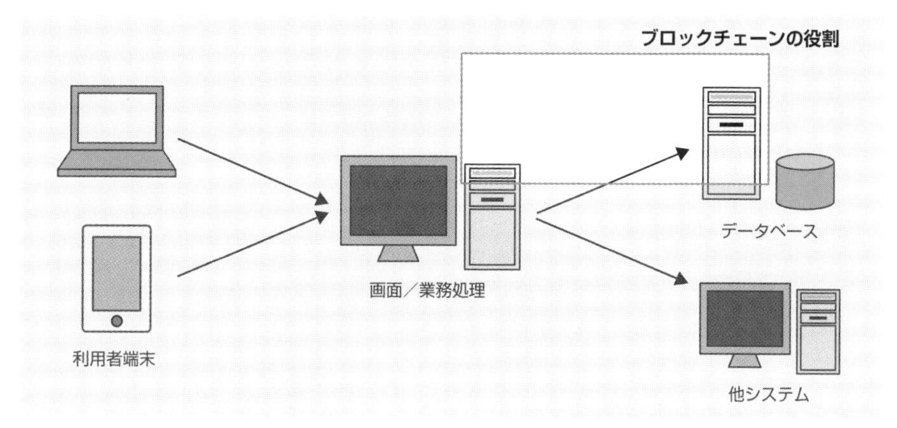

図 1.3　ブロックチェーンの役割の範囲

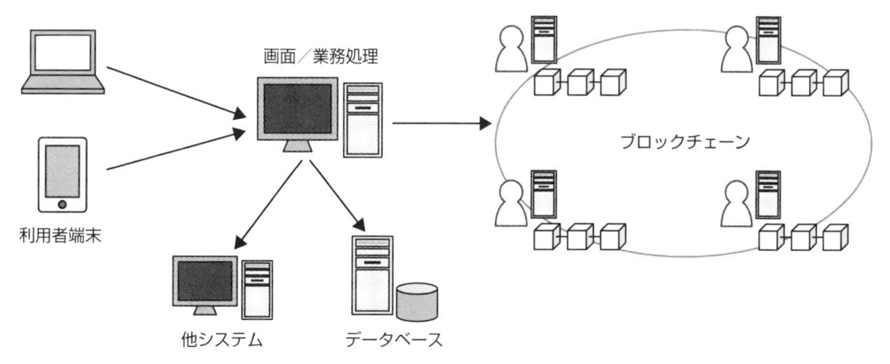

図 1.4　システムの構成

例として、Bitcoin 取引を行うシステムを考えてみましょう。Bitcoin を使うと、ブロックチェーンに直接取引要求を送信して取引を行うこともできます。しかし、利用者の使い勝手を考えると、操作しやすい取引画面や、ID とパスワードによるログインの仕組みをユーザに提供しようと思うはずです。また、画面に表示する金額は、Bitcoin の表示だけだとわかりづらいため、日本円で取引ができるように工夫することも考えられます。その場合、ユーザ ID やパスワードなどの利用者情報や、貨幣単位の変換等はブロックチェーンの外側で処理され、取引画面も外側に構築されます。さらに、Bitcoin と円の換算レートをリアルタイムで取得するために、Bitcoin の外部のシステムと連携する場合もあります。

このように、ブロックチェーンはシステムの構成要素の 1 つであり、ほかの構成要素を組み合わせてシステム全体を構成するのが一般的なのです。

2.3 システム検討の手順

それでは、このようなシステムを構築するためには、どのように検討を進めればよいでしょうか。検討の手順は、大きく3つの作業に集約することができます。

【What】ブロックチェーン技術を理解する
【Why】 ブロックチェーンで管理するデータを決定する
【How】 システム全体で要件を満たすように設計する

1番目の作業は、ブロックチェーン技術とは何かを理解することです。ブロックチェーンは新しい技術であり、これまでのシステムとは異なるアーキテクチャを採用しています。「Peer to Peerの取引」「取引データの改ざんが困難」「実質ゼロダウンタイム」といったメリットは、表面上の特徴に過ぎません。ブロックチェーン技術を理解することで、システム設計で必要な、より深いブロックチェーンの特徴を理解することができます。この1番目の作業については、本書の第Ⅰ部で説明します。

2番目の作業は、なぜブロックチェーンで管理する必要があるかを考え、管理対象とすべきデータを決定することです。Bitcoin取引の例のように、ブロックチェーンの外で管理すべきデータを分別する必要があります。ブロックチェーンで管理することによって受けられる恩恵が明らかなデータこそ、ブロックチェーンで管理すべきデータといえます。恩恵を感じないデータをブロックチェーンで管理することは、性能やセキュリティといったデメリットがクローズアップされ、システムの構築、運用にかかるコスト増加につながるかもしれません。データ管理の判断は難しいですが、ブロックチェーン技術を理解することで、判断の精度を上げることができます。

3番目の作業は、「システム全体で要件を満たすように」設計することです。私たちは、「ブロックチェーンだけを使った」システムではなく、「ブロックチェーンを活用した」システムを構築しようとしています。したがって、ブロックチェーン上で要件を満たすように設計するだけでは不十分であり、システム全体を俯瞰して設計に取り組まねばなりません。本書の第Ⅱ部では、システム全体設計において考慮すべき要点を説明します。

システム全体におけるブロックチェーンの役割を知ることができたら、次のステップとして、ブロックチェーン技術の概要を理解するために、次章へ進みましょう。

第2章

ブロックチェーン技術の概要

本章では、ブロックチェーンの仕組みを理解するために、大まかな構造とネットワークの類型を確認します。現在発表されている様々な種類のブロックチェーン技術には、それぞれ特徴があります。しかし、それらの特徴は相互にトレードオフの関係にあり、どれを採用すべきかは、導入案件ごとの要件によって違ってきます。要素技術の詳細は次章に譲り、本章では前提となる技術のアウトラインをまずは押えていきましょう。

1　ブロックチェーンとは？

ブロックチェーンとは、Bitcoin の取引を実現するために考案され、様々な領域に適用することを目的に発展した基盤技術の総称です。Bitcoin では、通貨としての価値の取引を行いますが、この基盤技術は通貨に限らない様々な価値や権利を取引することができます。この点が着目され、有価証券市場、不動産市場、シェアリングサービス市場をはじめとする様々な領域への適用が広がっています。それでは、Bitcoin の取引を実現した基盤技術とはどのようなものでしょうか。

1.1　ネットワーク上の共有台帳

Bitcoin の取引は、対等な関係にある者同士が直接送金取引を行うことを目的としています。取引を行う参加者全員によって構築されるネットワークに取引データを流すことで、取引を成立させます。

しかし、Bitcoin の取引にはネットワークを監視する管理者は存在せず、ネットワークを流れる取引データを検証する特定の管理者も存在しません。管理者が存在しないにもかかわらず取引が成立する理由は、過去の取引データを台帳として、ネットワーク参加者全員が共有し、台帳に記載された過去の取引データと照らし合わせて、次の取引データを受け取るかどうかをネットワーク参加者が判断しているからです。Bitcoin の取引データの管理における特徴は、図 2.1 のように、ネットワーク参加者全員が取引データを記録した台帳を保有し、台帳に記載されている取引データを共有していることです。

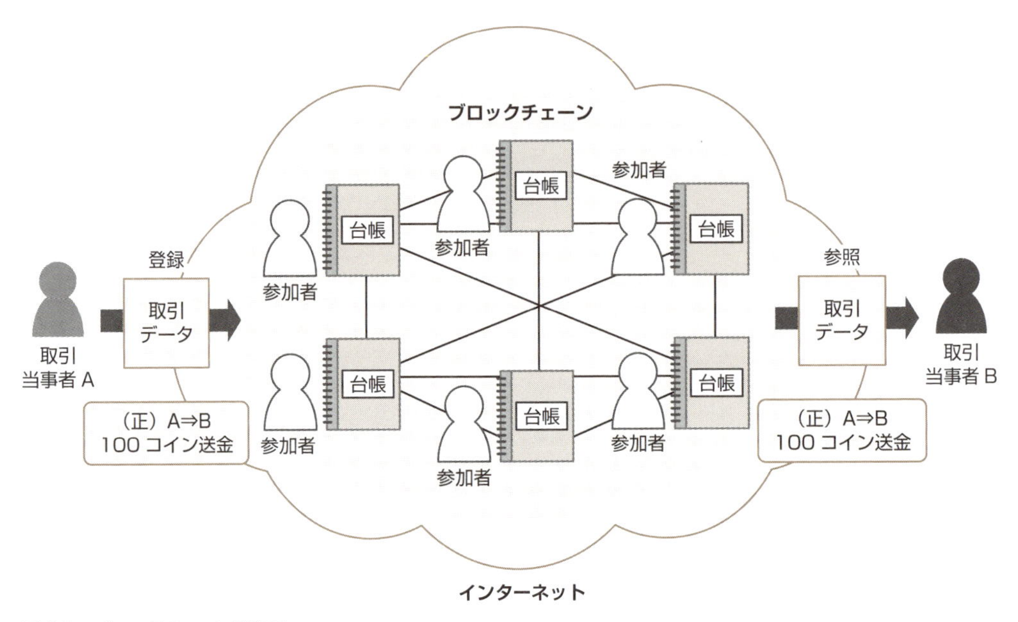

図 2.1　ブロックチェーン概念図

例えば、もし、過去の取引データから「残高が 100 万円しかない」とわかれば、「200 万円を送金する取引データは無効である」と、誰でもみなすことでしょう。同じように Bitcoin では、過去の取引データから次の取引データの検証を行っているのです。検証の仕組みが成立するのは、台帳に記載された Bitcoin の取引データは相互に「順序」を保持しているためです。

Bitcoin の取引を行う参加者は世界中に存在し、ネットワークは世界中に広がっています。この膨大なネットワーク上で参加者が自由に取引を行い、取引発生の都度取引データを記録していると、参加者間で保持する取引データの順序がばらばらになりそうなものです。しかし、Bitcoin の取引では、参加者は全ての取引を、受け取った順にその都度台帳に記録するのではありません。図 2.2 のように、複数の取引データは、任意の参加者によって「ブロック」と呼ばれる単位にまとめられ、その中で取引の順序が付けられます。そのブロックは特定の参加者だけが保有するのではなく、ほかの参加者にも渡してネットワーク上の参加者全員で共有します。

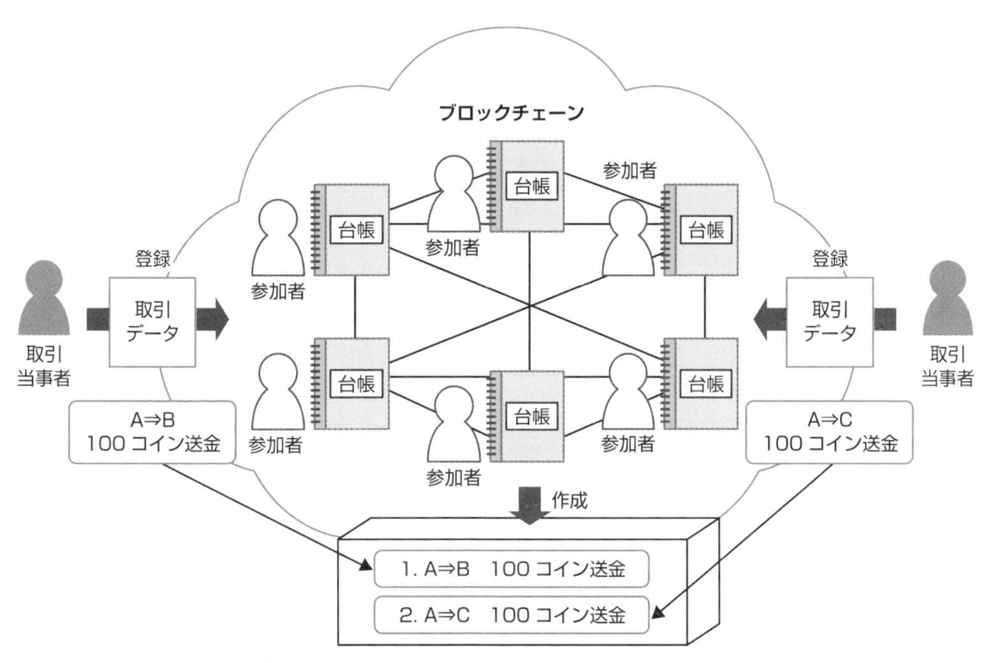

図 2.2　取引順序を決定するブロックの作成イメージ

そしてそのブロックには、「このブロックをどのブロックの次に配置してください」という指定が書かれています。そのため参加者は、受け取ったブロックに書かれた指定に従って台帳に記録し、結果としてネットワークの参加者全員が同じ順序でブロックを並べて台帳に記録することができているというわけです。

この台帳がブロックチェーンであり、その構造は図 2.3 のように、そのブロックの真正証明を後ろのブロックにも含めることで、前後のブロックがつながっています。この真正証明はブロックを一意に表すものであり、「ブロックハッシュ」と呼ばれます。ブロックチェーンは、ブロックを一列に並べることによって全ての取引に順序を付けているため、1つのブロックに複数のブロックがつながってしまうと、取引の順序を正しく決定することができません。このような、1つのブロックに複数のブロックがつながっている状態を「分岐（フォーク）」と呼び、分岐が起こった場合には、その後のブロックのつながりを見守り、より長くつながったほうの分岐を正しいブロックとみなすことにより、どちらか一方のみが有効であると判断されます。

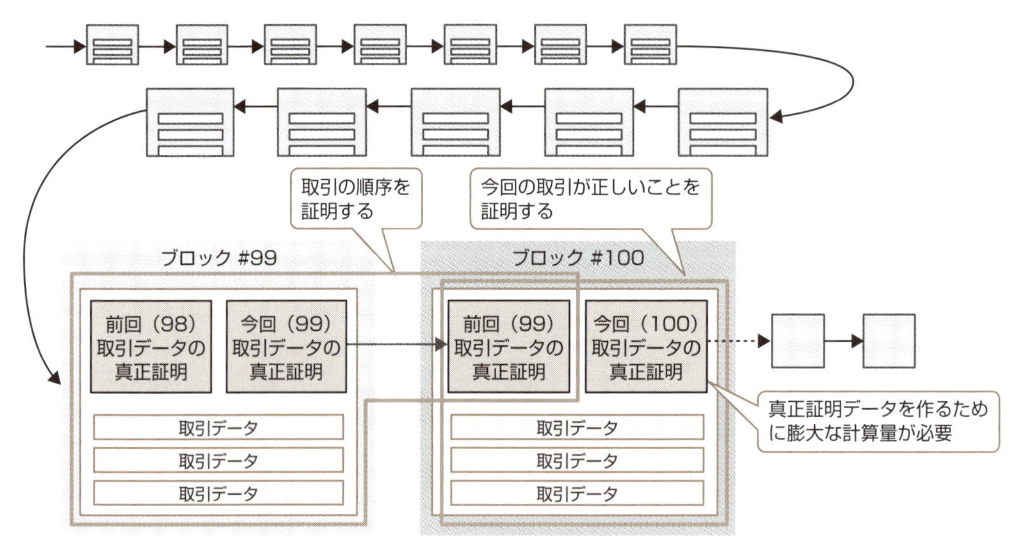

図 2.3　ブロックチェーンの構造

以上のことから、Bitcoinの取引では、同じ順序で取引データが記録された台帳を、ネットワークの参加者全員が共有できるのです。

1.2　対等な直接取引

次に、ネットワークの参加者全員が同じ台帳を共有することで実現されるBitcoinの特徴に「可用性」が挙げられます。Bitcoinのネットワークには、取引の成立に関与する特定の管理者は存在せず、共通の台帳を持つ当事者間での直接取引（Peer to Peer）が可能です。取引は、任意のネットワーク参加者が自分の台帳に記録された過去の取引データを基に検証して成立させます。そのため図2.4のように、数名の参加者が停止状態となった場合でも[注1]、取引当事者が取引を登録し、残りの参加者が取引を受け付ければ、取引を成立させることができます。つまり、ネットワーク全体

注1　Bitcoinのような広範囲におよぶブロックチェーンのネットワークでは、数名の参加者が停止している状態が通常であり、全ての参加者が稼働していることは、まずありません。

が停止しない限り、取引を成立させることができるのです。これがBitcoinの可用性が高いといわれる理由です。また、ネットワークの参加者全員が同じ台帳を共有することで、あたかも台帳のバックアップが複数存在する状態を作り、数人の参加者が台帳を消失した場合でも復元できる仕組みを実現しています。

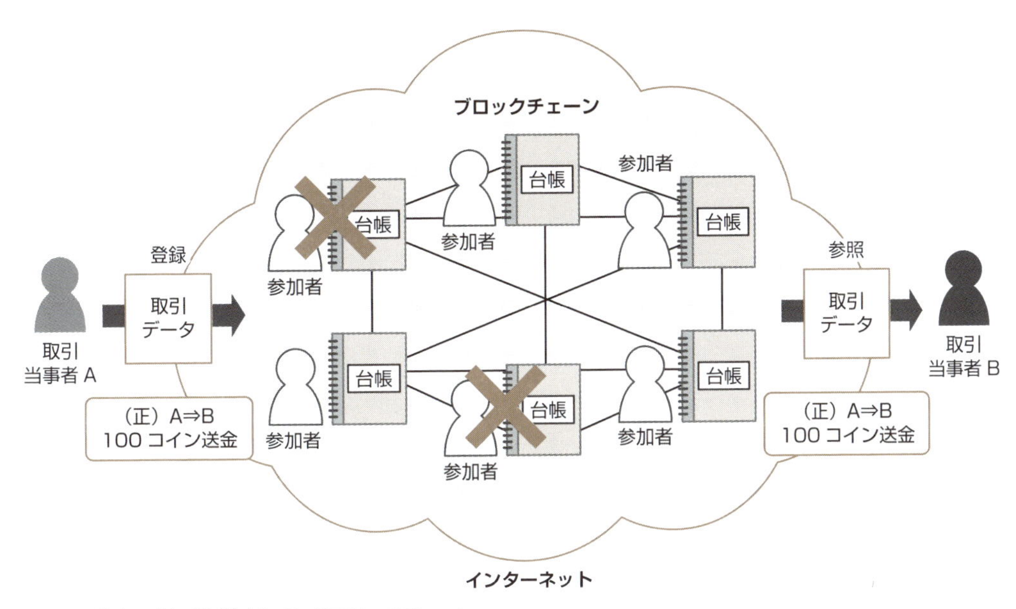

図 2.4 数名の参加者が停止しているブロックチェーン

さて、台帳を形成するブロックは誰が作成し、参加者は誰によって作成されたブロックを受け入れるのでしょうか。

Bitcoinの取引では、ブロックを生成したときに受け取る報酬が動機となり、ネットワーク上では任意の複数の参加者によるブロックの生成作業が行われています（ブロックの生成作業を行う参加者は「マイナー」と呼ばれます）。ブロックの生成にはルールが設けられており、ルールに従って生成されたブロックであれば、誰が作成したブロックであっても受け取ることができます。

しかし、先ほど説明したように、受け取ったブロックには前のブロックの情報が記録され、記録された前のブロックにしかつなげることができません。もし図2.5のように、つなげようとする前ブロックに、既に別のブロックがつながっている場合は、そのブロックは受け取ることができません[注2]。また、同じ取引データを含むブロックを複数受け取ってしまうと取引が二重に処理され、その結果として不整合が生じてしまいます。そのため、同じ取引データを含むブロックを複数受け取ることもできません。

注2 既に別のブロックがつながっていても、ブロックを受け取り、後からつなげたブロックが有効になるケースがありますが、それについては第4章5節「ファイナリティ」で説明します。

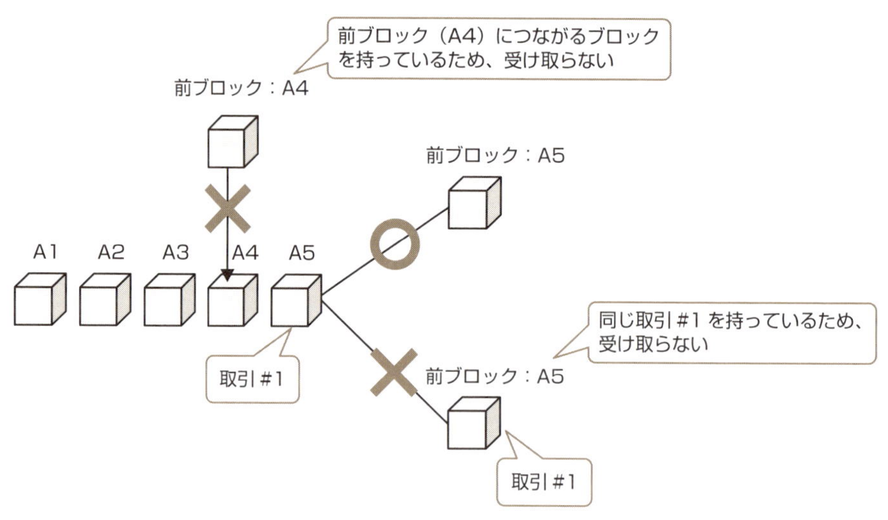

図2.5　ブロックがつながらない例

このように、複数のブロックを受け取った場合には、先に受け取ったブロックが有効とみなされます。また、有効なブロックを作成したマイナーのみ報酬を受け取ることができるため、マイナーの間ではより早くブロックを作成する競争が起こっています。ネットワーク上では、常に同時に複数のブロックが行き交っていますが、その全てのブロックが受け入れられるとは限りません。仮に、自分の取引データを含むブロックが受け入れられなかった場合、その取引は次のブロックの作成に含めるために待たなければならず、処理が遅延するリスクを抱えています[注3]。

Bitcoinは、ブロックの作成と受け取りのルールを定めることで特定の管理者によらない取引の成立を可能にし、利害関係がなく対等な関係にある者同士による直接送金取引を実現しています。その一方で、結果として受け入れられないブロックの作成が至るところで行われ、ネットワーク全体では非効率な仕組みであることも事実です。

1.3　参加者の特性と運用効率

Bitcoinの取引記録を参加者同士が共有し、当事者間での直接取引を可能にする仕組みは、送金取引システムだけではなく、企業の業務システムにも効率化をもたらすと期待されています。しかし、Bitcoinが前提とする「不特定多数の対等な関係にある者同士」というのは、企業の業務システムにおいては、必ずしも必要な前提ではないと考えることができます。つまり、企業の業務システ

注3　1つの取引は1つのブロックにしか含まれないわけではありません。ブロックは複数の参加者により作成されるため、同時にネットワーク上を行き交っている複数のブロックに同じ取引データが含まれていることがほとんどです。そのため、あるブロックが受け入れられなかったとしても、同じ取引データを含むほかのブロックが受け入れられた時点で、その取引は処理されます。

ムにおけるブロックチェーンの参加者は、「不特定多数の対等な関係にある者同士」ではなく、「信頼しあう、特定の利害関係にある者同士」と考えることができるのではないでしょうか。そう考えれば、ブロックの作成ルールは単純となり、そこにはブロックの作成競争は存在せず、ネットワーク全体を効率的に維持できるでしょう。企業の業務システムへの適用では、このように考えたほうが都合のよいことが多いのです。

実際、企業の業務システムへの適用を前提とした、このようなブロックチェーンが多く提案されています。これらのブロックチェーンでは、ネットワーク全体の取引の効率性を高めるために、競争によるブロック作成ではなく、ネットワークを管理する主体を配置し、役割としてブロックを作成する仕組みが採用されています。しかし、これでは、Bitcoinのように自律的にネットワークが維持されなくなり、管理者がネットワーク維持に対して責任を持つことが求められます。このことは、ネットワーク全体の効率的な取引の実現と引き換えに、ネットワークを維持していくための管理・運営コストを支払っていると考えることができます。

1.4　まとめ

ここまでのことを念頭に置き、まずはブロックチェーンについて、次のことを覚えておいてください。

1. ブロックチェーンでは、順序付けをした複数の取引データをブロックの単位にまとめ、ブロックを順番に記録した台帳を、ネットワーク参加者全員がそれぞれ同じ内容で保有する。
2. 取引の成立に関与する特定の管理者は存在せず、任意の参加者によって取引の検証と記録が行われるため、当事者間での直接取引が可能であり、可用性が高い。
3. ブロックチェーンには、Bitcoinのような不特定多数の対等な関係にある者同士でネットワークを構成して取引を行うものと、企業の業務システムなどへの採用を前提とした、信頼しあえる、特定の利害関係のある者同士でネットワークを構成して取引を行うものがある。

これから、それぞれの仕組みを解説していきます。

2 代表的プラットフォーム

本書では、代表的なブロックチェーン技術として「Bitcoin」「Ethereum」「Hyperledger Fabric」を取り上げます。これらはいずれもオープンソースソフトウェア（OSS）として公開されており、無償で利用することができます。また、これら 3 つを含め、現在公開されている全てのブロックチェーン技術は発展段階にあり、様々な機能拡張が行われ、そのためにアーキテクチャが変更されることもあります。このような技術を扱う際に、OSS としてソースコードが開示されていることは、システム開発者にとって非常に重要なことです。

2.1 Bitcoin

2008 年に Satoshi Nakamoto を名乗る人物がインターネット上のメーリングリストに Bitcoin の設計に関する論文[注4]を投稿し、2009 年に Bitcoin の運用が開始されました。現在は、開発者コミュニティによって開発が維持され、Bitcoin の取引量は 2017 年 11 月時点において 1 日当たり 30 万件を超えています。現在利用可能なブロックチェーンの中で、Bitcoin は最大規模のネットワークを保有しています。

Bitcoin が実現した、個人間取引における合意形成の仕組み、及び、取引データをブロックと呼ばれる単位にまとめて管理するデータ構造などは、ブロックチェーンの特徴として扱われています。Bitcoin は独自の仮想通貨である Bitcoin（BTC）の取引が主な利用ですが、取引データに独自に定義したアセット情報を含めることができ、Bitcoin の通貨以外に、有価証券の発行管理などにも適用されています。このアセット情報を含めるためのプロトコルは、「Open Asset Protocol」と呼ばれます。

2.2 Ethereum

Ethereum は、2013 年に Vitalik Buterin によって発表され、2015 年に運用を開始しました。現在は、Ethereum Foundation によって開発が維持されています。

Bitcoin の発案者である Satoshi Nakamoto の存在が明らかになっていないのとは異なり、Vitalik Buterin は実在する人物であり、Ethereum の発表時、彼は 19 歳でした。Ethereum は Bitcoin と同様にイーサ（ETH）と呼ばれる独自の仮想通貨を定義し、世界中で取引が行われています。

注 4　Bitcoin: A Peer-to-Peer Electronic Cash System（https://bitcoin.org/bitcoin.pdf）

ブロックチェーンの特徴である「第三者による改ざんが困難」「ゼロダウンタイム」「中央管理者が不要」のもとで実行可能な分散型アプリケーション基盤を提供します。

2.3 Hyperledger Fabric

Hyperledger Fabric は Linux Foundation を中心として運営する Hyperledger Project が開発するブロックチェーンのうちの 1 つです。Hyperledger Fabric は、Digital Asset 社と IBM 社が寄贈したソースコードを元に開発され、2016 年に 0.6 版、2017 年に 1.0 版がリリースされました。

Bitcoin や Ethereum のような独自の仮想通貨は持たず、企業システムが要求する品質を想定して実装された分散型アプリケーション基盤を提供します。

3　パブリック型と非パブリック型

本節では、ネットワーク構成の違いからブロックチェーンを分類し、それぞれの特徴を見ていきます。

ブロックチェーンは、ネットワークを構成する参加者の範囲によって「パブリック型」と「非パブリック型」に分類できます。世界中の誰でも自由に参加可能な公開されたネットワークを構成するのがパブリック型であり、特定の利用者のみが参加可能な閉じたネットワークを構成するのが非パブリック型です。非パブリック型は、さらに、単一のグループ企業や企業団体などで構成する「プライベート型」と、特定の複数の企業で構成する「コンソーシアム型」に分類できます。プライベート型とコンソーシアム型は、参加者を特定するという点で同じであり、これらのブロックチェーン基盤技術は同じ特徴を持つため、本書では「パブリック型」と「コンソーシアム／プライベート型（非パブリック型）」の２つに分類して、それぞれ説明していきます。

3.1　パブリック型のブロックチェーン

パブリック型は、Bitcoin の取引と同じく、図 2.6 のようにインターネット上で既に構築されたネットワークを利用して取引を行います。ネットワークには誰でも参加可能であり、取引データはネットワーク参加者全員に参照されるという特徴を持ちます。

パブリック型の場合、構築済みの広範囲に広がるネットワークを、取引手数料を支払って利用します。したがって、利用者側はブロックチェーンのネットワークを用意する必要がなく、その構築コストや運用コストは少なくて済み、ネットワークが広範囲に広がっているため可用性も高いといえます。その反面、不特定多数の参加者によって取引データが参照されることを受け入れる必要があります。

また、処理性能に関しては、どうしても低くなってしまいます。共通のネットワークが様々な目的で利用され、直接は関係のない取引データを多く含むからです。例えば、通貨の取引と権利の取引が、同じネットワークを使って交わされているなどです。さらに、ブロックを生成するコンセンサスアルゴリズムについても、高速なものは存在していません。コンセンサスアルゴリズムについては後ほど説明します。

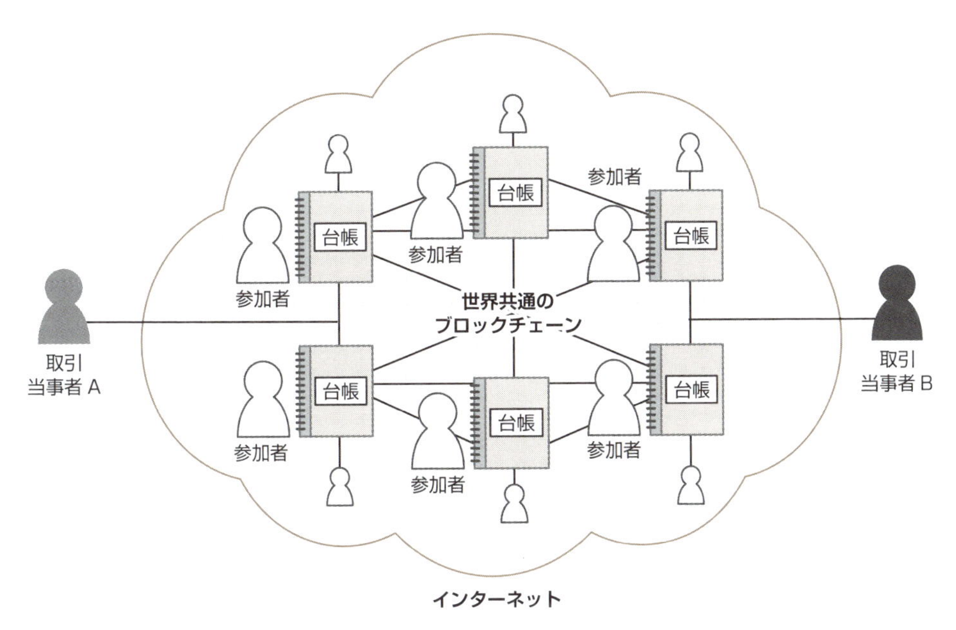

図 2.6　パブリック型のブロックチェーンのイメージ

パブリック型のブロックチェーンには、Bitcoin のほかに、代表的なものとして Ethereum があります。

3.2 コンソーシアム／プライベート型と許可型・非許可型

コンソーシアム／プライベート型は、図 2.7 のように、それぞれ独自のネットワークを構築して取引を行います。ネットワークへの参加方法により、このタイプはさらに「許可型」と「非許可型」に分類できます。許可型には、ネットワークの管理者が存在します。その管理者が参加者に対し、参加権限やブロックの作成権限などを与えつつ、参加者の役割を制限します。非許可型には、参加承認のためのネットワーク管理者は存在しません。閉じたネットワークを使用するため接続可能な参加者に限定されますが、ネットワークに接続可能であれば誰でも参加できます。全ての参加者は同一の権限と役割を保有します。

非許可型で独自のネットワークを構築する際には、しばしばパブリック型のブロックチェーン基盤技術が利用されます。パブリック型のブロックチェーンである Bitcoin のネットワークとは別に、Bitcoin の基盤技術を使って、特定の参加者だけが利用できるネットワークを構築するイメージです。そのため、パブリック型のブロックチェーンで挙げたように、取引データが公開され、改ざんが困難であるという特徴を持ちますが、独自にネットワークを構築する点がパブリック型とは異なります。また、独自のネットワークで発行するBitcoinやイーサのような通貨には、パブリック型のブロックチェーンが発行する仮想通貨としての価値はありません。

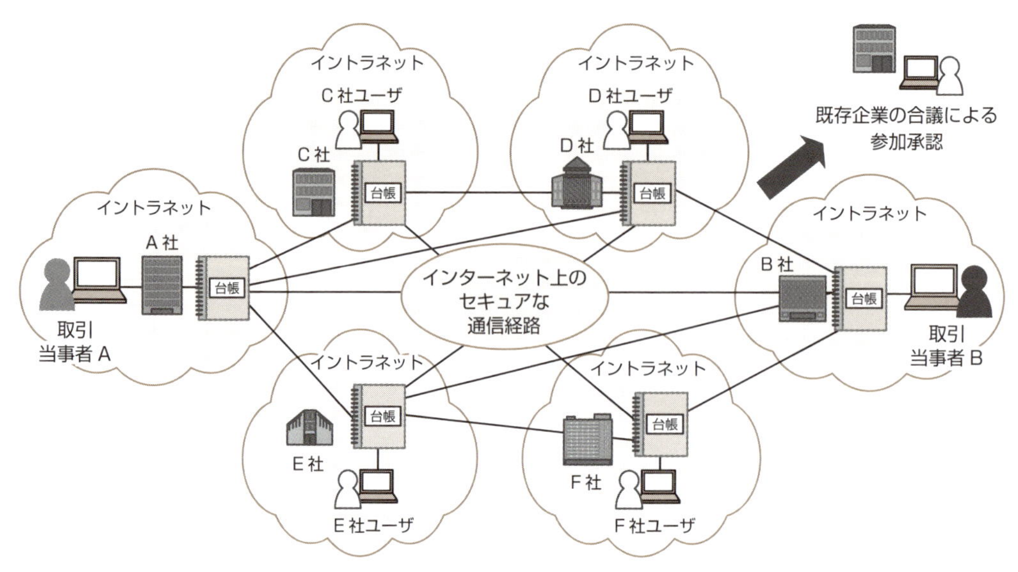

図 2.7　コンソーシアム／プライベート型のブロックチェーンのイメージ

表 2.1　許可型と非許可型のブロックチェーンの比較

	許可型	非許可型
管理者	存在する	存在しない
参加方法	ネットワーク管理者の承認が必要	ネットワークに接続できれば参加可能
参加者の役割	参加者ごとに役割を設定	全員が同一
ブロックの作成方法	管理者が作成	競争による作成
代表的なブロックチェーン技術	Hyperledger Fabric	Bitcoin、Ethereum

3.3　コンソーシアム／プライベート型の特徴

ここでは、コンソーシアム／プライベート型のブロックチェーンの特徴として、許可型について説明します。このタイプの代表的なブロックチェーン基盤技術にはHyperledger Fabricがあります。

コンソーシアム／プライベート型では、ネットワーク全体を運営する管理者を設け、参加者は管理者の承認を得てネットワークに参加します。そのため、特定した参加者のみでネットワークを構成でき、取引データを参照できるのは参加者のみに限定できるという特徴を持ちます。取引データの参照範囲が限定されるため、パブリック型に比べて秘匿性が高いといえます。

処理性能もパブリック型に比べて高いといえます。パブリック型と異なり、当事者間で必要な取引データのみを扱うため、効率よく取引データを記録できるからです。また、参加者が特定されるため、取引データの改ざんなどの不正行為の脅威が比較的小さいことも利点です。特定の参加者が取引データを処理し、ブロックを作成する役割を担うことで、計算量やブロック生成時間がより小さい高速なコンセンサスアルゴリズムを採用できるため、処理性能の向上が見込めます。

さらに、パブリック型ではトランザクション手数料が必要ですが、コンソーシアム／プライベート型では参加者が共通の利益のもとにネットワークを維持・管理するため、不要にすることができます。その代わり、ネットワークを独自に構築し、運営するコストを支払う必要があります。また、参加者が限定されているため、可用性が低下する可能性もあります。その対策として、ネットワークへ参加するサーバーの台数を適正に増やす必要があります。

表 2.2　パブリック型、コンソーシアム／プライベート型の比較

	パブリック型	コンソーシアム型	プライベート型
管理者	自由	許可制	
	不特定、悪意のある参加者を含む可能性がある	エコシステムに参加する企業が管理者	自社もしくはグループ会社の情報システム管理者
適している分野	オープンイノベーション	中央機関のないエコシステム	監査証跡が必要な業務システム間のデータ連携
親和性のあるアプリケーション	・仮想通貨 ・シェアリングエコノミー	・地域通貨 ・銀行間などの為替 ・クラウドソーシング	・社内会計システム ・工場内トレーサビリティ
優位なこと	・ブロックチェーンで構築された環境を運用する必要がない ・実質的ゼロダウンタイム ・可用性が高い	・取引内容が当事者以外にも開示できる ・取引当事者の不正を監査／防止できる ・相互運用性が高い ・パブリック型に比べ処理効率が高い	・取引内容が外部に公開されない ・内部不正を監査／防止できる ・パブリック型に比べ処理効率が高い
優位でないこと	・取引内容の秘匿をコントロールできない ・処理効率が低い	・ブロックチェーンで構築された環境を運用する必要がある ・パブリック型に比べ可用性は低い	・ブロックチェーンで構築された環境を運用する必要がある ・パブリック型に比べ可用性は低い

第3章

コアテクノロジ

本章では、ブロックチェーンを成り立たせている基本的な要素技術を紐解きます。台帳に記録されるデータの構造、トランザクションデータの管理や実行結果の管理には、Ethereum 等の基盤技術による違いがあります。そこを理解することなしに、ブロックチェーンシステムの設計はありえません。また、暗号技術、同時実行制御、改ざん防止や合意形成の仕組みも、ブロックチェーンの中心を支えています。ひとつひとつのコアテクノロジを知ることが、ブロックチェーンの理解に直結します。

1　記録されるデータの構造

第2章では図2.2のように、「ブロックチェーンは一列につながったブロックに複数の取引（トランザクション）を記録して管理する」と説明しました。本章では、トランザクションデータやトランザクション実行結果が、ブロックチェーンの中でどのように管理されているかについて、送金取引の例で見ていきましょう。

1.1　トランザクション実行結果

例えば図3.1のように、太郎さんから花子さんに1000円を送金し、その結果、太郎さんの残高が4000円、花子さんの残高が6000円になったとします。このときの「送金元である太郎さんから送金先である花子さんに1000円を送金する」という送金行為の情報が「トランザクションデータ」です。また、「太郎さんの残高が4000円、花子さんの残高が6000円になった」ことの記録は「トランザクション実行結果」と呼ばれます。

図3.1　送金による残高移動

全てのブロックチェーン技術が同じようにブロックの中にトランザクションデータとトランザクション実行結果を記録しているわけではありません。記録するデータの構造はブロックチェーン基盤技術ごとに異なり、「UTXO型」と「アカウント型」に分類できます。

1.2　UTXO型のデータ構造

UTXOとはunspent transaction output（未使用トランザクションアウトプット）のことです。UTXO型のブロックチェーンは未使用トランザクションを管理するデータ構造をとります。未使用トランザクションとは、名前のとおりまだ使われていない状態のトランザクションを意味し、未使用トランザクションの合計が保有している価値を表します。未使用トランザクションの詳細は、後ほど説明します。

Bitcoinの取引は、UTXO型のブロックチェーン技術を採用しています。Bitcoinのブロックにはトランザクションデータが記録されるのみで、トランザクション実行結果は記録されません。

UTXO型のトランザクションデータの特徴は、インプットとアウトプットを持つことです。インプットとは、トランザクションの送信者が確かに指定した金額を保有していることを保証するものであり、アウトプットとは、送信先に渡したことを保証するものです。Bitcoinの通貨発行はマイニング注1によってのみ行われ、発行された通貨をトランザクションによってほかの誰かに送金することで、通貨を流通させています。この、「ほかの誰かに送金したもの」がアウトプットであり、受け取った人はこのアウトプットをインプットにして次のトランザクションを実行することができます。図3.2のように、あるトランザクションのアウトプットが、別のトランザクションのインプットとなるように、トランザクション同士がつながっています。

アウトプットがまだ別のトランザクションのインプットとして使用されていないとき、それが先に説明した未使用トランザクションです。そのため、ある人がインプットとして使用できるトランザクション（未使用トランザクション）を集計すると、その人の残高を確認することができます。

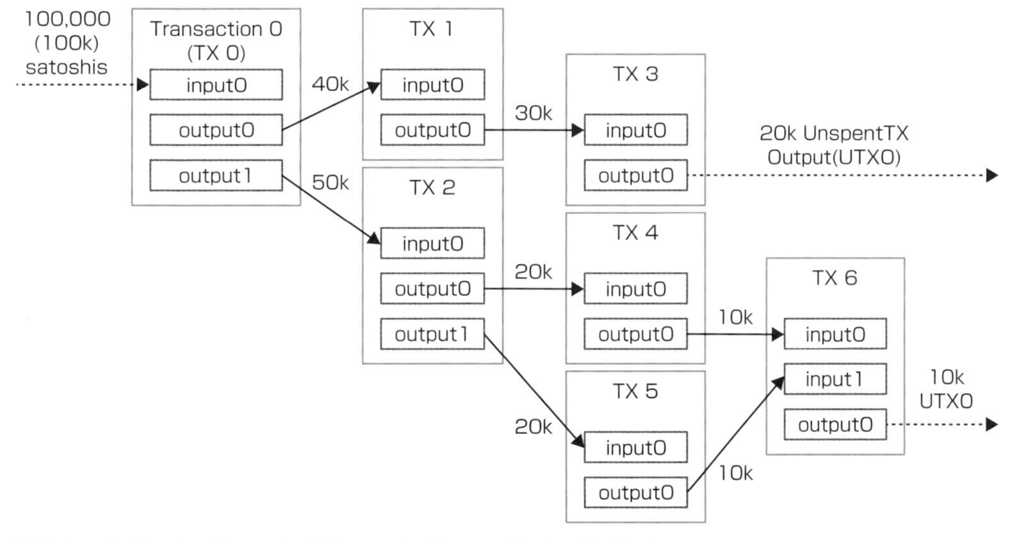

Triple-Entry Bookkeeping (Transaction-To-Transaction Payments) As Used By Bitcoin

出典：https://github.com/ethereum/wiki/wiki/%5BJapanese%5D-Design-Rationale

図3.2 UTXO型のトランザクションのデータ構造

注1 マイニングとは、取引を記録するために必要となる「ブロック」を作成する計算処理工程です。マイニングを行う参加者を「マイナー」と呼びます。マイナーは作成するブロックに、ブロックチェーン基盤から自分宛に送金するトランザクションを含めることができ、これによって報酬を受け取ることができます。また、送金元から送金先へ送金するトランザクションには、送金元からマイナーに手数料分を送金する取引データも含まれます。

具体的に、花子さんと太郎さんの送金の例で確認してみましょう。

(1) 花子さんが太郎さんから1000円を受け取るとき、太郎さんは「花子さんに1000円を送金する」というトランザクション要求を送信します。この時点で、花子さんは未使用トランザクションを受け取ったことになります。

(2) 太郎さんから受け取った1000円を使って、花子さんがコーヒーショップで500円のコーヒーを購入したとします。このときの支払に使用するインプットは、太郎さんから受け取った未使用トランザクションです。インプットとして使用した未使用トランザクションは使用済みとなります。トランザクションには保有している金額が記されているため、このように、受け取った未使用トランザクションを管理し、トランザクションのインプットとして使用します。もし花子さんの残高を知りたければ、花子さんが受け取った未使用トランザクションを集計すればよいということになります。

まず、二人の残高を確認します。太郎さんと花子さんはそれぞれ5000円を持っています。太郎さんが花子さんに1000円を送金した時点でのトランザクションの状態を、図3.3に示しました。太郎さんの残高は4000円、花子さんの残高は6000円であることがわかります。

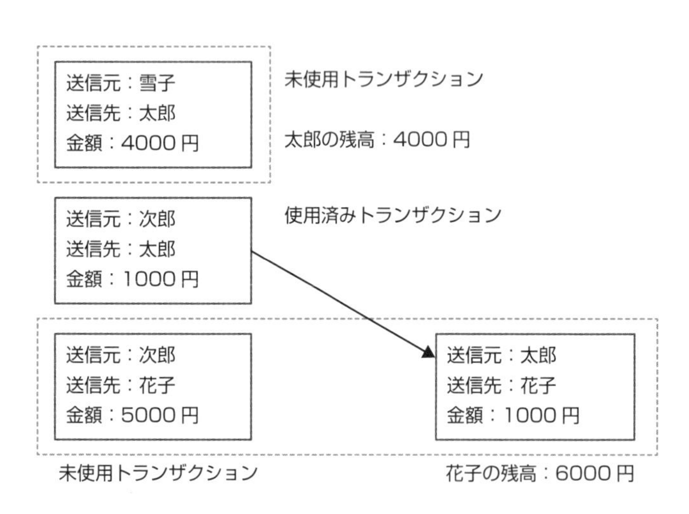

① 太郎さんは雪子さんから4000円を受け取って、4000円を持っている。
② 太郎さんは次郎さんから1000円を受け取って、①の4000円と合わせて、5000円を持っている。
③ 花子さんは次郎さんから5000円を受け取って、5000円を持っている。
④ 太郎さんから花子さんに1000円が送金され、太郎さんの残高は②から1000円が使用済みとなり、4000円となる。花子さんの残高は③の5000円と合わせて6000円となる。

図3.3　トランザクションの作成例 (1)

この状態で、花子さんがコーヒーショップに500円を支払った後には、トランザクションの状態は図3.4のように変わり、花子さんの残高が5500円になったことがわかります。

トランザクションには、未使用か使用済みかのいずれかの状態しか存在しません。今回のように、太郎さんから受け取った1000円のトランザクションに対して500円だけ使用した場合、一部を使用済みの状態にすることはできません。そのため、太郎さんから受け取った1000円のトランザクションは、500円をコーヒーショップ、残りの500円を花子さん自身に送金するように処理し、元のトランザクションの状態を使用済みにします。

これは実際のコーヒーショップのレジで、500円をおつりとして受け取ることをイメージするとわかりやすいと思います。1000円札に「500円使いました」とペンで書いて返してもらうようなことは誰もしません。1000円札しか持っていなければ、1000円札を渡して500円硬貨を受け取るように、おつりは新しいアウトプットとして受け取ればよいのです。

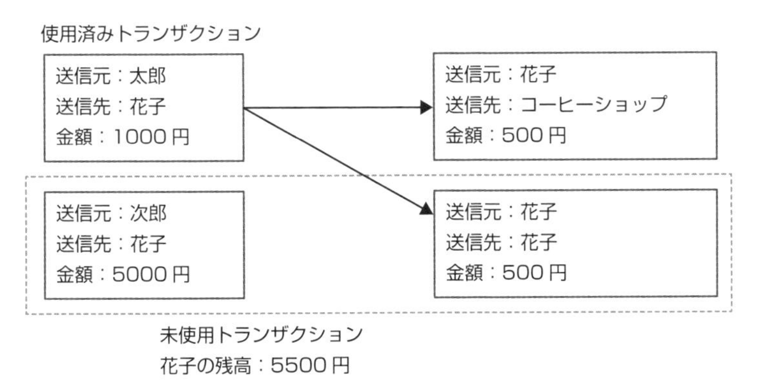

図3.4 トランザクションの作成例（2）

UTXO型の特徴は、使用可能な通貨をアウトプットとして受け取ることです。トランザクションを実行するときの受取り先として新しいアドレスを指定することで、通貨の管理を複数のアドレスに分散することができます。

先ほどの例で、花子さんが1000円の未使用トランザクションをインプットとしてトランザクション要求を送信する場合のアウトプットに、コーヒーショップと花子さん自身のアドレスを指定しました。このときの花子さん自身のアドレスに、花子さんが保有する別のアドレスを指定すると、花子さんのアドレスを知らない人にとっては、「あるアドレスから別のアドレスに500円の送金が行われた」ということしかわかりません。Bitcoinなどのように取引データの公開が前提となるブロックチェーンにおいて、このような、取引そのものの追跡はできても、当事者が関係する取引を追跡することを困難にするデータ構造は、プライバシーの観点で優れているといえます。

1.3 アカウント型のデータ構造

UTXO型がトランザクションの実行結果を保持しなかったのに対して、アカウント型のブロックチェーンは、トランザクション実行結果としての残高そのものの管理を行います。アカウント型では、トランザクションデータを保持するデータ領域とは別に、トランザクション実行結果を保持する領域が確保され、ブロック作成時に実行結果が書き込まれます。実行結果は、トランザクションと同様に参加者全員が保有します。

アカウント型を採用しているブロックチェーン技術には、EthereumやHyperledger Fabricなどが挙げられます。これらはトランザクション実行結果としての残高を管理しています。そのため、トランザクション要求に対して残高が十分かどうかを判断するには、管理している残高そのものを確認できれば、UTXO型のように、トランザクションにインプットを指定して未使用トランザクションであることを証明する必要はありません。したがって、トランザクションが未使用か使用済みかの状態を管理する必要もなく、残高を確認するために集計する必要もありません。

UTXO型がトランザクションの状態として未使用か使用済みかの2つの状態しか管理しないのに対して、アカウント型のブロックチェーン技術には状態を管理する領域が用意されています。トランザクション実行結果としての残高を表す変数をこの領域に宣言し、残高を数値データとして管理することができます。これにより、アカウント型では残高の金額そのものを直接確認することができるのです。

では、このトランザクション実行結果などアカウントの状態は、どのタイミングで作成されるのでしょうか。まず、アカウント型のブロックチェーンのデータ構造を確認するために、Ethereumのデータ構造を見てみましょう。

図3.5の上段で左右につながっている部分がブロックのつながりです。そこから下に延びているツリー構造の先にあるのが、アカウントの情報を格納している箇所です。アカウント情報には、BALANCE（残高[注2]）と、STORAGE_ROOT（トランザクション実行結果）が含まれています。アカウント情報（残高やトランザクション実行結果）はブロックと同時に作成され、ブロック作成時点のアカウント情報が履歴として保持されています。つまり、ブロック番号を指定して、その時点のトランザクション実行結果を確認することはできますが、トランザクション番号を指定してトランザクション実行結果を確認することはできません[注3]。そして、アカウント情報はブロックのハッシュ値の生成時に使用されるため、トランザクションデータの改ざんが困難なことと同様に、アカウント情報も改ざんすることが難しいです。

注2　EthereumにはEtherと呼ばれる通貨が標準で実装され、Etherの残高はトランザクション実行結果と別に管理されます。

注3　ブロック作成時点のトランザクション実行結果から、トランザクション要求の内容を1件ずつ確認することで、トランザクション実行時点でのトランザクション実行結果を確認することも可能です。

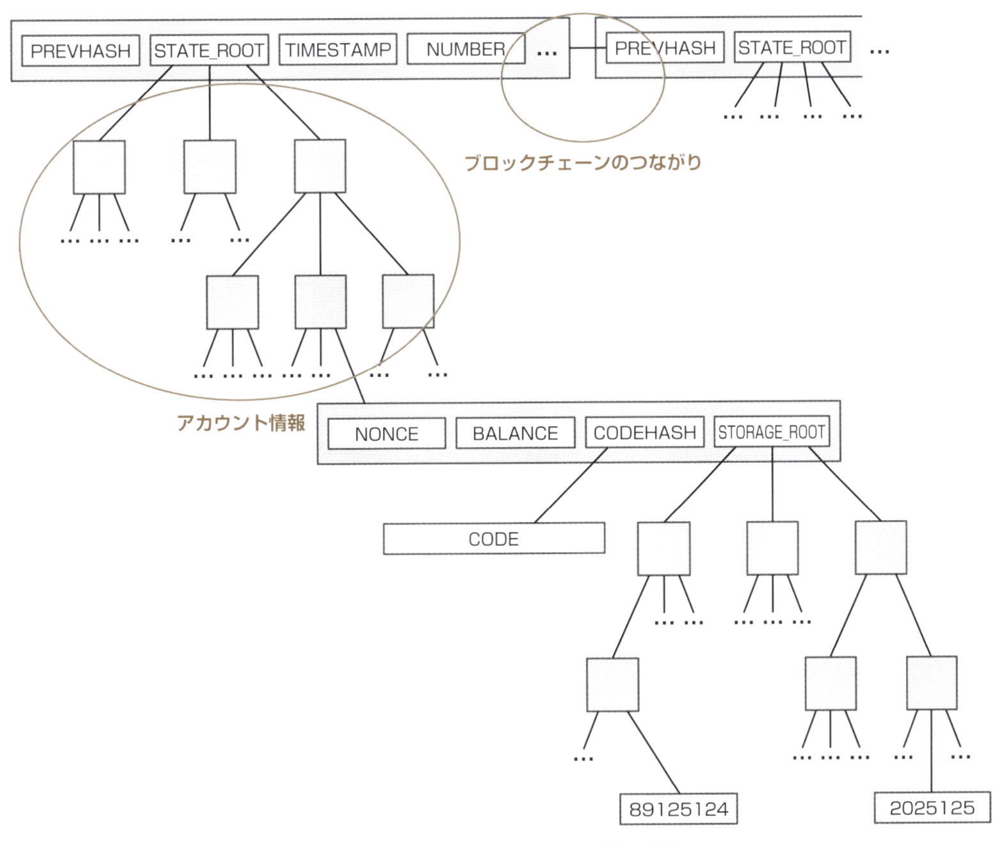

出典：https://github.com/ethereum/wiki/wiki/Ethereum-Development-Tutorial

図 3.5 アカウント型のトランザクションのデータ構造

それでは、具体的に、図 3.6 を使い、花子さんと太郎さんの送金で確認してみましょう。

(1) 花子さんが太郎さんから 1000 円を受け取るとき、太郎さんは「花子さんに 1000 円を送金する」というトランザクション要求を送信します。このトランザクションの実行によって、太郎さんの残高は 4000 円、花子さんの残高は 6000 円となります。アカウント型の場合は残高を管理する領域があるため、太郎さんの残高が 4000 円、花子さんの残高が 6000 円に更新されます。

(2) 次に、花子さんが 500 円のコーヒーを購入する場合、コーヒーショップは花子さんの残高が 500 円以上であることを確認し、コーヒー代金の 500 円を差し引けばよいのです。このときに、500 円の支払に使用されたお金が太郎さんから受け取ったものであるかどうか（太郎さんから花子さんに送金したトランザクション要求が存在するかどうか）は、UTXO 型と異なり、確認する必要がありません。花子さんが太郎さんから受け取った金額は口座データ（残高を管理する領域）に加えられ、コーヒーショップに支払った金額は口座データから差し引かれます。アカウント型では口座データそのものを確認すればよいのです。これは、デビッドカードや電子マネーを使って代金を支払うときをイメージするとわかりやすいでしょう。カードでの支払におつりはなく、支払った金額だけが口座から差し引かれることと同じです。

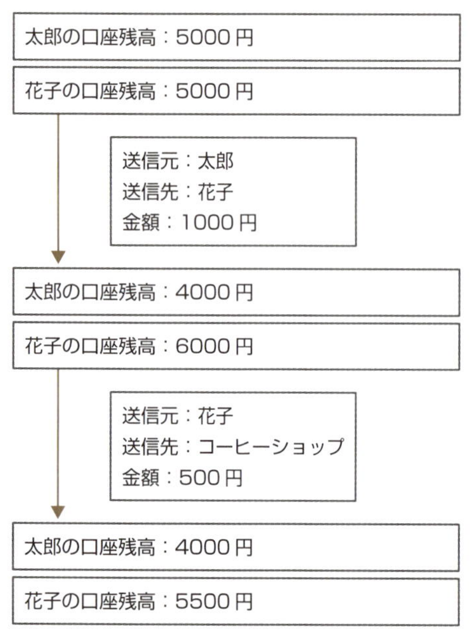

図3.6 アカウント型の送金例

以上をまとめると、アカウント型の特徴は、トランザクション実行結果などの状態を管理する領域が存在することです。この領域には、残高に限らず、アカウントの任意の状態を定義して管理することができ、データを効率的に扱えるという点で優れたデータ構造であるといえます。

1.4 まとめ

UTXO型、アカウント型のいずれにおいても、ブロックチェーンはトランザクションデータと状態を管理し、トランザクション要求に対して実行結果を返すことができます。UTXO型であればトランザクションが未使用か使用済みかの状態を管理し、アカウント型であればアカウントごとの口座残高の状態を管理します。

これまではお金の送金を例に説明しましたが、コーヒーチケット（1杯無料券）をブロックチェーンで管理することを考えてみましょう。ブロックチェーンで管理するのは、コーヒーチケットが誰から誰に渡されたかの取引記録（トランザクションデータ）と、コーヒーチケットが利用可能な店舗を示す発行者情報と現在の所有者情報（状態）だけです。従来のシステムでは、これらの情報以外に、コーヒーチケットが使える店舗の詳細情報（店舗名、住所、電話番号など）も管理しますが、必ずしもこれら全ての情報をブロックチェーンで管理することが適しているとはいえません。これは、現在において、ブロックチェーンのデータ構造が、関連した情報を含めて、正規化して管理することを想定していないためです。ブロックチェーンは取引の記録と、取引されるものの状態を管理することを目的にしており、リレーショナルデータベースのような情報の構造管理を代替するものではありません。店舗の詳細情報のようにブロックチェーンでの管理が適していないデータをどのように判断し、どのように管理すべきかについては、第Ⅱ部で解説します。ブロックチェーンには過去の全ての取引データと、ブロックを作成した（複数の取引を処理した）時点の状態データが記録されていることを覚えておきましょう。

2 トランザクションのライフサイクル

ブロックチェーンでは、参加者が保有する台帳にトランザクションデータを書き込むことで、「トランザクションデータに記載した取引が受け付けられた」と判断します。トランザクションデータが台帳に書き込まれるまでのライフサイクルを、順に追って見ていきましょう。登場人物は、取引要求者、ブロックチェーンネットワーク参加者、ブロック作成者（ブロックチェーン参加者でもあります）です。

(1) 取引要求者は、取引の要求内容に本人の署名を加えたデータを作成し、ブロックチェーンのネットワークに送信します。このブロックチェーンのネットワークに送信した取引要求がトランザクションです。

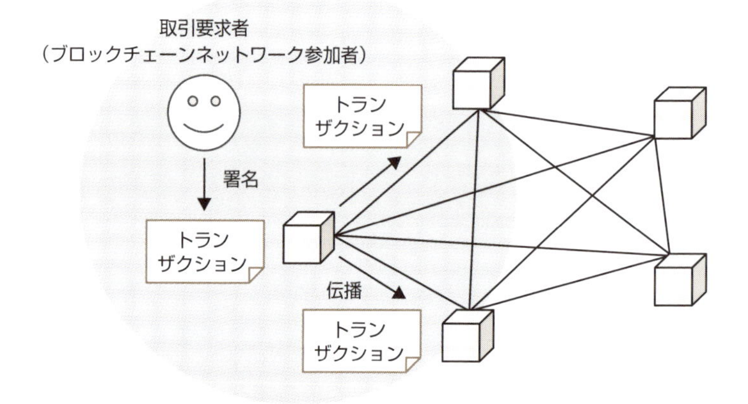

図 3.7 トランザクションの送信

(2) ブロックチェーン参加者は、トランザクションを受け取り、その中に含まれる署名、形式、時刻などの検証を行います。検証した結果が正しければ、ほかの参加者にトランザクションを伝播します。

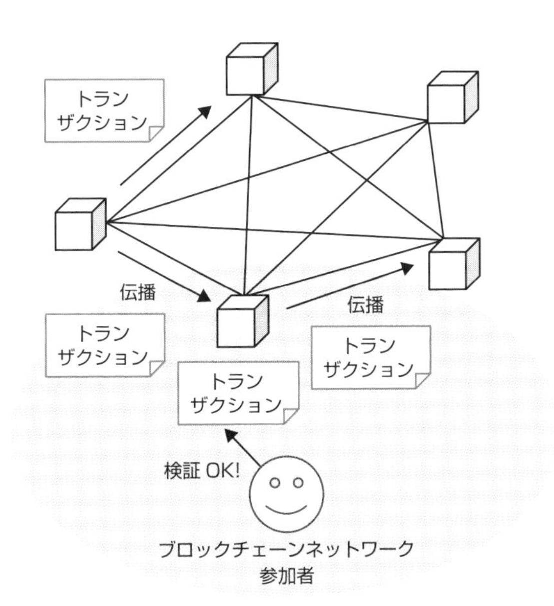

図 3.8 トランザクションの検証と伝播

(3) ブロック作成者は、ブロックに含めるトランザクションを順番に並べ、つなぐ先のブロックハッシュと作成するブロックハッシュとを指定して、ブロックを作成します。作成したブロックの情報はほかの参加者に伝えます。

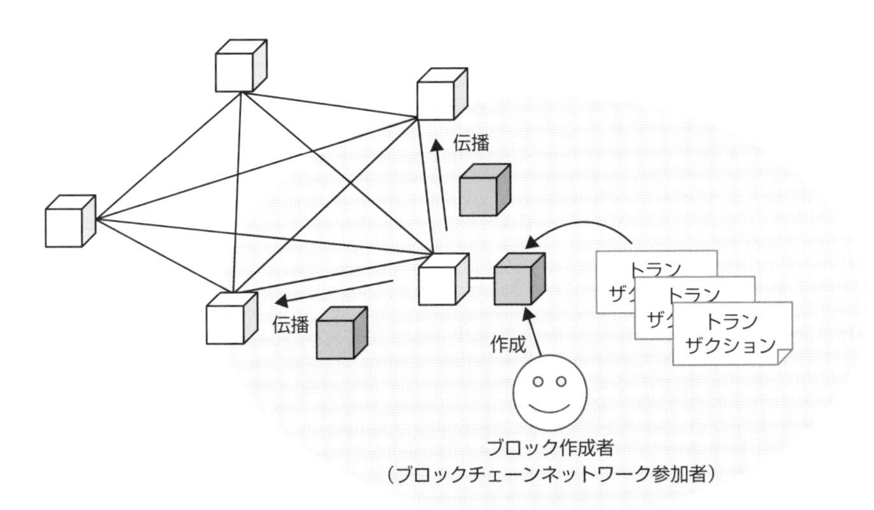

図 3.9 トランザクションの記録（ブロックの作成）と送信

(4) ブロックチェーン参加者は、ブロックの情報を受け取り、ブロックに含める単一のトランザクションの検証（先の（2）で実施した検証）、ブロックに含める全てのトランザクション実行後の状態の検証、ブロックの形式の検証などを行います。検証した結果が正しければ、(3) のつなぐ先のブロックハッシュとして指定されたブロックに検証したブロックをつなげることで取引が受け付けられ、台帳に書き込まれます。

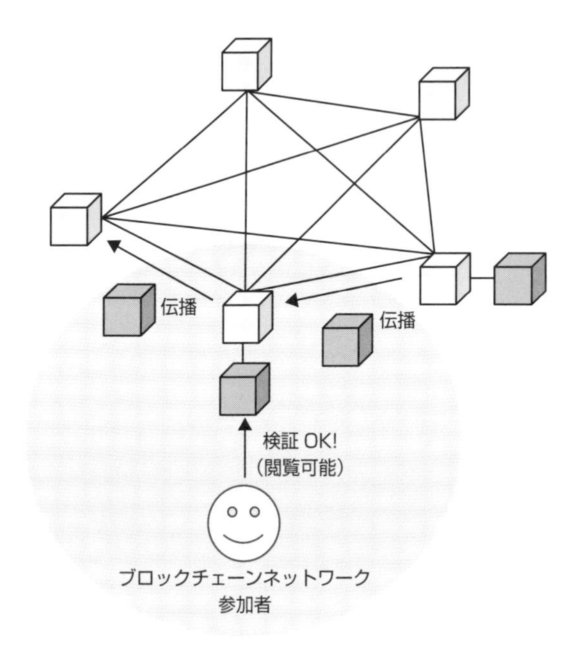

図 3.10　記録したトランザクションの確認

このように、取引は受け付けられるまでに、1件のトランザクションとして生成され、ブロックチェーンのネットワーク上でブロックに格納され、参加者の台帳に書き込まれる処理を段階的に辿ります。

ここまでの説明では、トランザクションのライフサイクルとして「取引が完了するまで」とはせずに、意図的に「受け付けられるまで」と表現してきました。これは、台帳に書き込んだ後、すぐに取引の完了とみなすか、しばらく時間を経過してから取引の完了とみなすかが、ブロックチェーン基盤技術によって異なるからです。ここでは、「台帳に書き込まれた時点では、そのブロックチェーンの参加者によって取引が受け付けられた」と理解してください。「何を以って完了とみなすか」についての詳細は第4章5節「ファイナリティ」で説明します。

3 なりすまし防止の仕組み

トランザクションには取引要求者の署名（デジタル署名）が含まれています。このデジタル署名によって、トランザクションを送信した人が本人であることを証明しているのです。デジタル署名には、公開暗号鍵方式とハッシュの技術が用いられます。この2つの技術がどのようなものかを確認しましょう。

3.1 公開鍵暗号方式

公開鍵暗号方式とは、秘密鍵と公開鍵というペアとなる鍵の組合せによって暗号化と復号を行う暗号方式のことです。秘密鍵は所有者本人が使用する鍵であり、公開鍵は公開して本人以外の人（または複数の人たち）が使用する鍵です。公開鍵暗号化方式には、どちらの鍵で暗号化するかによって2通りの使い方があります。

1つは、秘密鍵で暗号化する使い方です。秘密鍵で暗号化したデータは公開鍵で復号します。これにより、データの受信者は、受信したデータが公開鍵で復号できれば、そのデータは秘密鍵の所有者が暗号化した（秘密鍵の所有者が作成した）ものだと確認することができます。

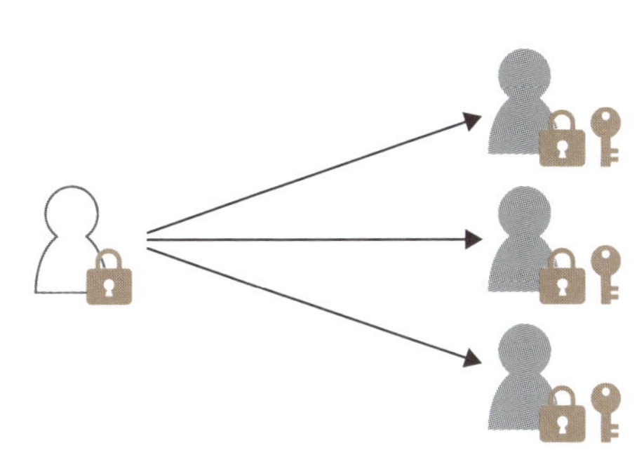

図 3.11 秘密鍵を使った暗号化

もう1つは、公開鍵で暗号化する使い方です。公開鍵で暗号化したデータは秘密鍵で復号します。データの送信者が暗号化したデータは、秘密鍵の所有者だけが復号して、データを受け取れることを保証できます。

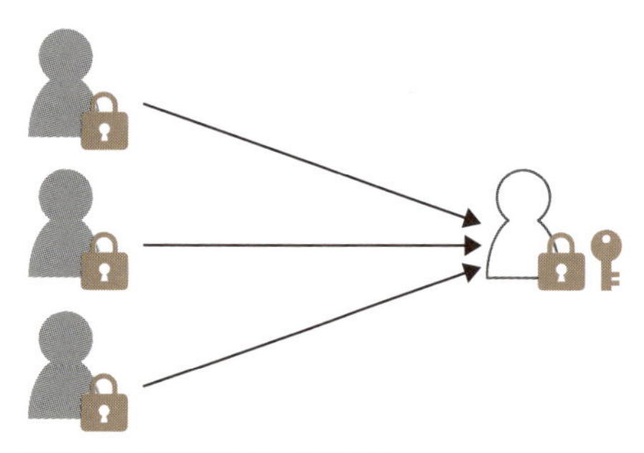

図 3.12　公開鍵を使った暗号化

3.2　ハッシュ

「ハッシュ」とは、ハッシュ関数を使ってメッセージを特定する暗号化技術です。「ハッシュ関数」は入力データを渡すと入力データとは全く異なる一定の長さの文字列（ハッシュ値）を返します。また、ハッシュ関数は、同じ入力データであれば毎回同じハッシュ値を返します。

ハッシュ関数にはいくつかの種類があり、署名に使用するハッシュ関数にはSecure Hash Algorithm（SHA）のような暗号学的な関数が採用されています。SHAでは、入力データの長さにかかわらず常に一定のバイト数のハッシュ値を返し、入力データが1バイトでも異なれば全く異なる文字列を返すように設計されています。図3.13は、SHA256を使用したハッシュ値の算出例です。元の文字列が1文字変わるだけで、全く違うハッシュ値となることが確認できます。そのため、ハッシュ値から元の入力データを類推することは非常に難しく、「該当するハッシュ値を算出できるのは元の入力データを知っている者のみである」ということができます。

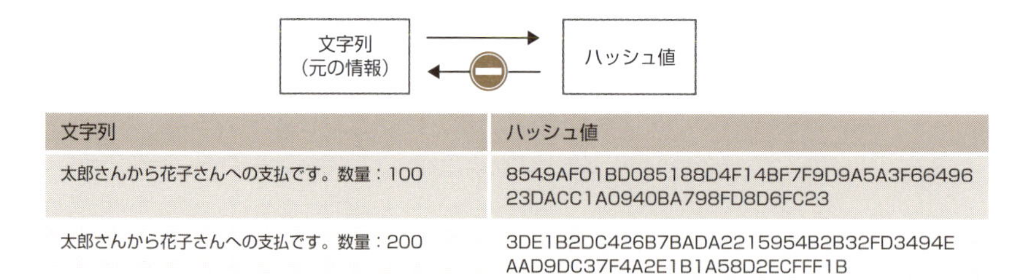

文字列	ハッシュ値
太郎さんから花子さんへの支払です。数量：100	8549AF01BD085188D4F14BF7F9D9A5A3F66496 23DACC1A0940BA798FD8D6FC23
太郎さんから花子さんへの支払です。数量：200	3DE1B2DC426B7BADA2215954B2B32FD3494E AAD9DC37F4A2E1B1A58D2ECFFF1B

図 3.13　SHA256での入力データとハッシュ値の関係

3.3　トランザクションのデジタル署名

デジタル署名は、トランザクションの内容をハッシュ値に変換し、送信者の秘密鍵で暗号化したものです。受信者はトランザクションの内容とともに、送信者のデジタル署名も受け取ります。受信者はデジタル署名を送信者の公開鍵で復号することで、トランザクションの内容に相当するハッシュ値を得ることができます。また、受信者はトランザクションの内容をハッシュ値に変換することができます。デジタル署名を復号した文字列と、受け取ったトランザクション内容から得たハッシュ値とを比較し、これらの値が一致していれば、送信者本人からのトランザクションであることが確実に証明できたことになります。

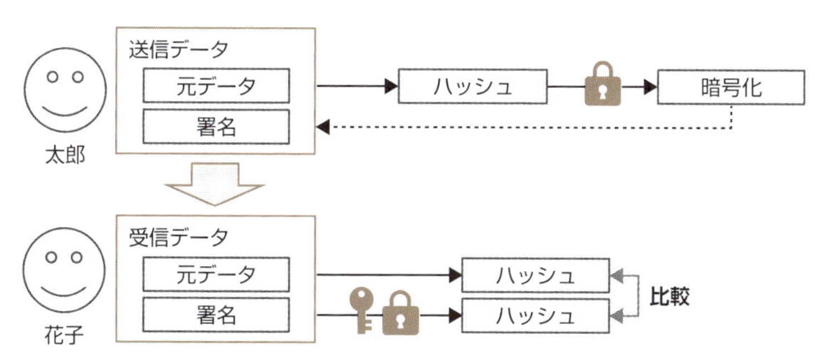

図 3.14　トランザクションの正当性証明

もう1つ、デジタル署名には、本人証明のほかにメッセージ証明の役割があります。先ほど、トランザクションの内容に相当するハッシュ値と、デジタル署名から復号した文字列を比較しましたが、これらの値が一致する条件は、次の2つです。

1. デジタル署名を作成するときに使用した秘密鍵と、デジタル署名を復号するときに使用する公開鍵が対応していること
2. デジタル署名を作成するときのトランザクションの内容が、正しく受信されていること

このうち2.の条件は、トランザクションの内容が送信されてから受信されるまで、すなわち送信者が署名してから受信者が署名を確認するまでの間に、改ざんが行われていないことを証明しています。この証明を「メッセージ証明」といいます。このメッセージ証明は、見方を変えれば、受信者が受け取ったトランザクションの内容は確かに送信者から送られたものであり、送信者は後から送信内容を否認したり取り消したりすることができないといった送信者側の不正抑止にも働きます。

4 二重取引防止の仕組み

ブロックチェーンの取引はP2P（Peer to Peer：個人間の直接取引）型であり、ブロックチェーンネットワーク上の至るところで行われています。ここで気になるのは、「同じ取引を別々のノードで同時に実行したらどうなるのか？」ということです。

例えば、太郎さんがコーヒーショップを訪れて、残高が500円しかない口座を使って500円のコーヒーを注文したとします。同時に次郎さんが別のコーヒーショップを訪れて、太郎さんと同じ口座を使って500円のコーヒーを注文したとします。コーヒーショップの店員が提示された口座の残高を確認し、500円の支払要求を出してコーヒーを提供するとき、2軒のショップから500円ずつの支払要求が発生します。これでは、500円しかない口座に対して1000円の支払が要求されて、口座の残高がマイナスになってしまいます。または、図3.15のように500円でコーヒーを2つ提供することになってしまい、いずれも不整合な状態になってしまいます。

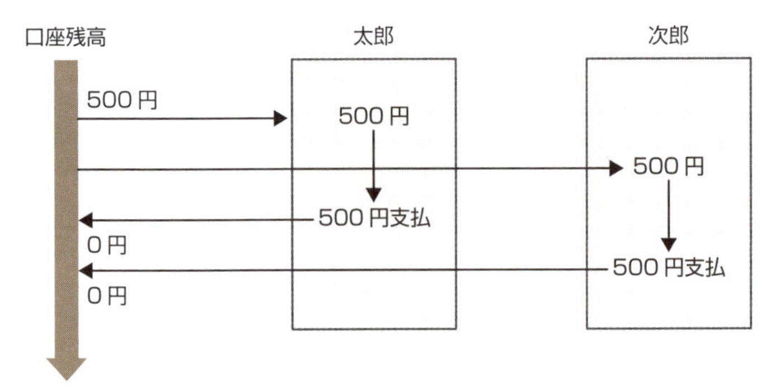

図3.15　二重取引での不整合が発生する場合

一般的には、このような二重取引を防止するために、次のいずれかの方法を採用します。1つは、更新対象データ（ここでは口座残高データ）を読み取るタイミングで、データのロックを取得してほかからの操作を待ち状態にするという方法です。もう1つは、データを更新するタイミングで、更新対象データの値が読み取った時点から変更されていないことを確認するという方法です。前者を「ペシミスティック同時実行制御」と呼び、後者を「オプティミスティック同時実行制御」と呼びます。

4.1 ペシミスティック同時実行制御

ある利用者がデータの操作を開始する時点で、操作対象データのロックを取得し、その利用者がデータの操作を完了するまで、ほかの利用者はロックと競合する操作を実行できません。この方式は、同時に同じデータを操作するシーンが頻繁に発生する場合に使用します。

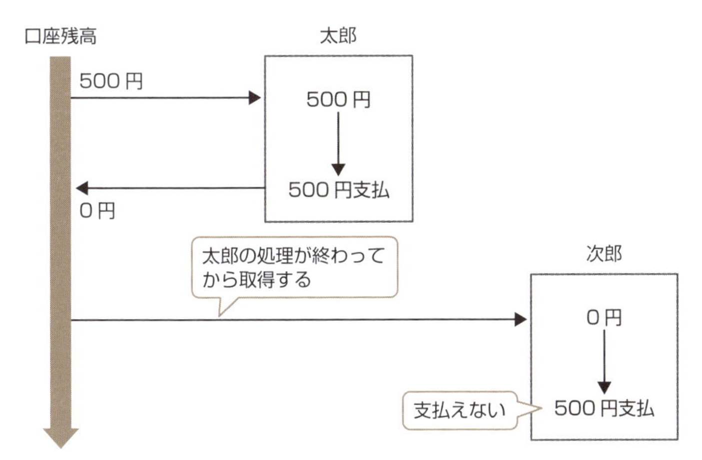

図 3.16 ペシミスティック同時実行制御の挙動

4.2 オプティミスティック同時実行制御

ある利用者がデータの操作を開始する時点において、操作対象データのロックを取得せず、その利用者がデータの操作中であっても、ほかの利用者もデータの操作を行うことができます。利用者はデータを更新するタイミングで、データ操作中にほかの利用者によってデータの更新がされているかどうかを確認し、もし更新されていた場合には処理を取り消します。この方式は、同時に同じデータを操作するシーンが稀である場合に使用します。

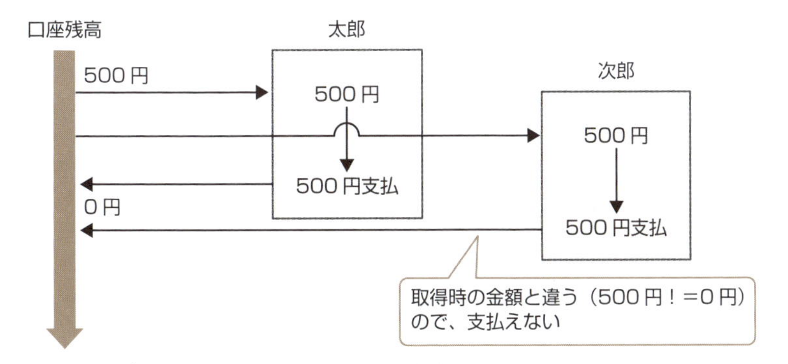

図 3.17 オプティミスティック同時実行制御の挙動

4.3　UTXO型での二重取引防止

それでは、ブロックチェーンの場合はどのようにして二重取引を防止しているのでしょうか？ブロックチェーンにはロック機構がなく、ほかからの操作を待ち状態にする排他的な処理はできません。その代わり、ネットワークの参加者がトランザクションを受け取る時点と、ブロックに含めるトランザクションを決定する時点でトランザクションの検証処理を行うため、これらの時点で二重取引を防止することができます。具体的にどのように検証がなされるかを説明していきます。

まず、Bitcoin などの UTXO 型のブロックチェーンでは、受け取ったトランザクションを使って、新しいトランザクションを発行します。発行したトランザクションには、「トランザクション入力（インプット）に指定しているトランザクション出力（アウトプット）が未使用かどうか」の検証が行われます。二重取引だった場合、同じトランザクション出力が複数のトランザクションで使用されます。検証処理では、一方のトランザクションが指定するものは「未使用のトランザクション出力」とみなされ、もう一方のトランザクションが指定するものは「使用済みのトランザクション出力」とみなされます。「使用済み」とみなされたほうのトランザクション要求は破棄されます。

図3.18のように、花子さんから、太郎さんと次郎さんの二人に支払うトランザクションの入力に、同じトランザクション出力が指定されたとします。太郎さんへの支払を行うトランザクションが先に処理されると、その時点で、そのトランザクション出力は使用済みとみなされ、次郎さんへの支払トランザクションは破棄されます。

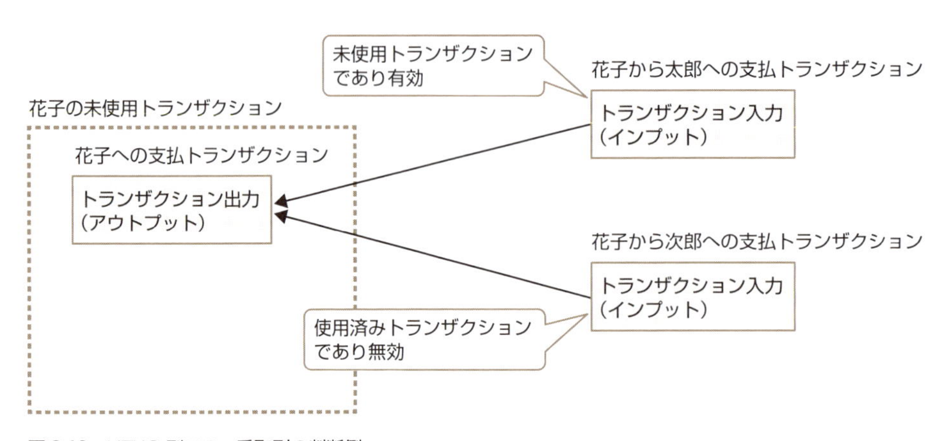

図3.18　UTXO型での二重取引の判断例

4.4 アカウント型での二重取引防止

アカウント型のブロックチェーンでは、トランザクションをブロックに書き込む処理で、二重取引かどうかの検証が行われます。Ethereumでは、同一のアドレスから発行するトランザクションに、そのトランザクションの実行順序を表す番号が設定されます。トランザクションをブロックに書き込むことで処理が実行され、このとき、トランザクションは番号順に処理されなければならず、同じ番号を持つトランザクションは1つしか処理されません。

例えば、図3.19のように、A口座から太郎さんと次郎さんの二人に支払う2つのトランザクション要求が、いずれも「2」という同じ番号を持っていたとします。太郎さんへの支払を行うトランザクションが処理されると、次郎さんへの支払を行うトランザクションは破棄されます。

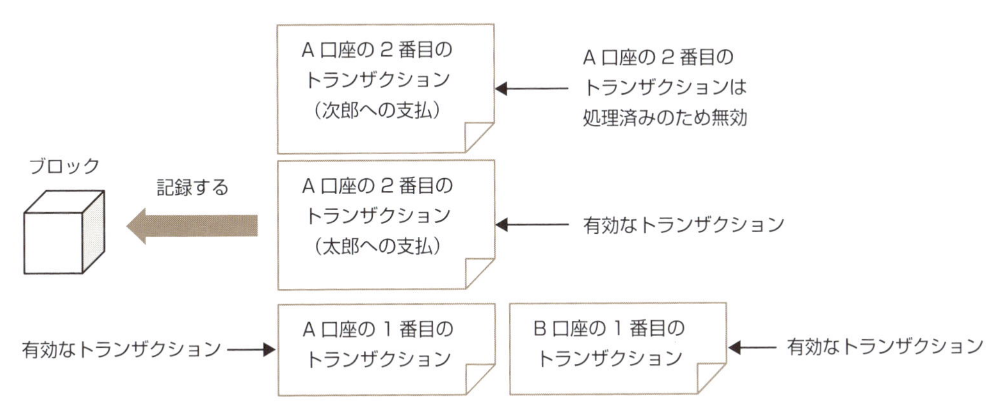

図3.19 Ethereumでの二重取引の判断例

また、トランザクションの処理は逐次処理のため、口座残高がマイナスで不整合な状態となるトランザクションは破棄されます。別々のアドレスからのトランザクションで同一のデータを操作する場合でも、複数のトランザクションは逐次処理されるため、同様に不整合な状態となるトランザクションを破棄することができます[注4]。

Hyperledger Fabricのように、オプティミスティック同時実行制御の仕組みを備えるブロックチェーンのプラットフォームも存在します。Hyperledger Fabricでは、同一のブロックに含める複数のトランザクションが同じデータを操作する場合、1つのトランザクションのみが有効であり、そのほかのトランザクションは無効と扱われます。

注4　ブロックチェーンに独自のデータを定義する場合、不整合な状態となるトランザクションは破棄するのではなく、データの操作を実施しないトランザクションとしてブロックに格納します。

5 改ざん防止の仕組み

ブロックチェーンは、そのデータ構造により、いったん記録したデータの改ざんを困難にします。改ざん困難な仕組みは、コンセンサスアルゴリズムと共にブロックチェーンの大きな特徴といえます。

5.1 書き込み許可と改ざん防止の両立

従来のデータベースでは改ざんを防止するために、データベースへの書き込み権限を付与する範囲を最小限にとどめ、データを操作するアプリケーションの実行ユーザや限られた管理者のみに権限を付与する対応がとられていました。しかし、書き込み権限を持つ管理者であればデータの改ざんが可能であるため、管理者などによる内部犯行を防止する目的で、データベースアクセスなどの監査ログを記録したり、データベース操作に承認申請を課すといった運用ルールを設けるなどの対策を、併せて実施していました。

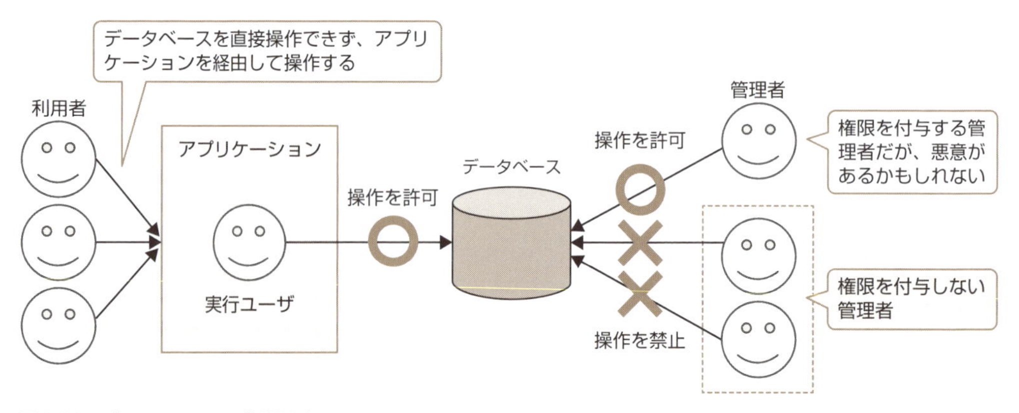

図 3.20　データベースへの権限設定

ブロックチェーンのデータ構造は、複数のネットワーク参加者がデータを保有し、誰でもがデータを書き換えられるということを前提にしています。データへの書き込み許可権限に対する考え方が、データベースと大きく異なる点です。ブロックチェーンのデータは中央管理されておらず、参加者の手元に存在します。そのため、参加者の誰もがデータを書き換えられるということはイメージできると思います。しかし、書き換えたデータを正しいデータとして、参加者たちに通知することはできません。これからその仕組みについて説明します。

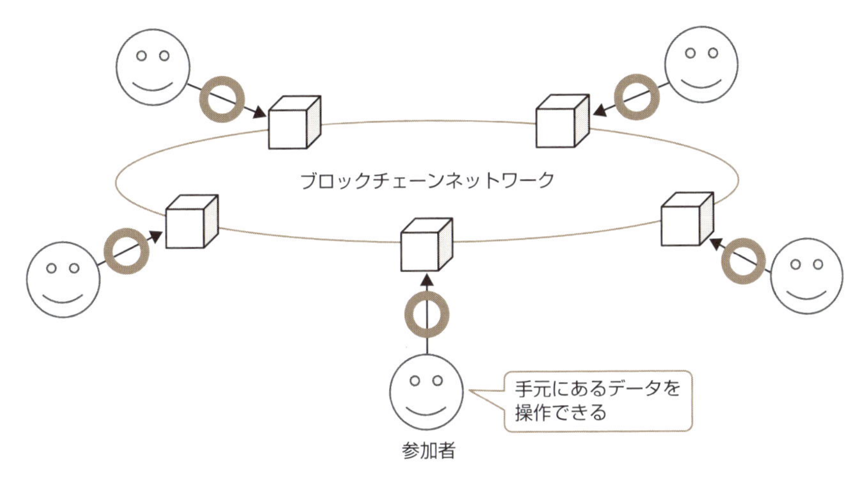

図 3.21 ネットワークの参加者は誰でもデータを書き換えることができる

ブロックチェーンのデータ構造は、複数のトランザクションを束ねた「ブロック」を記録の単位としています。各々のブロックは、自身の時間的な位置情報、すなわち「自分はどのブロックの次に作られたか」という情報を保持しています。「ブロックハッシュ」が自身の時間的な位置情報を示し、図 3.22 のように自分より 1 つ前のブロックハッシュと自身のブロックに含める全てのトランザクションの情報に基づいてブロックの作成時に決定します。作成済みのブロック内のトランザクションを改ざんすると、ブロックハッシュとブロックの情報とが一致しません。正しいブロックハッシュに書き換えると、次のブロックに記録した前ブロックのブロックハッシュと一致しないため、完全に整合性が取れた状態にするには、以降の全てのブロックを書き換えなければなりません。

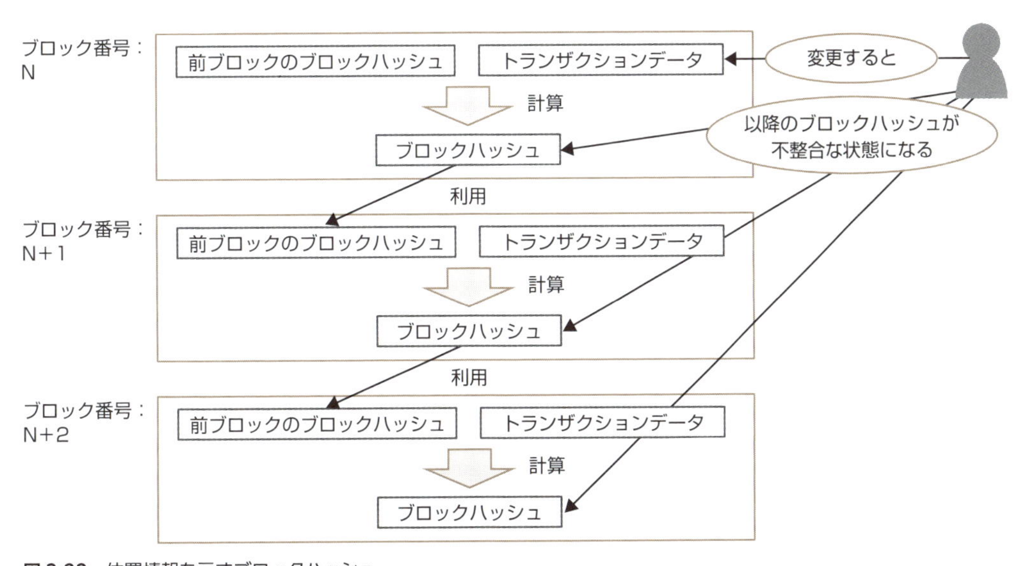

図 3.22 位置情報を示すブロックハッシュ

5.2 もし改ざんを行うとしたら…

そもそも、ブロックチェーンのデータを改ざんするとは、どういうことでしょうか？

トランザクションには、その内容を使ったデジタル署名が含まれていることについては既に説明しました。送信したトランザクションを変更するとデジタル署名が無効となり、もう一度デジタル署名を付け直さなければなりません。デジタル署名を付け直すには、トランザクションの送信者しか知り得ない秘密鍵が必要であり、自分以外のアドレスから送信したトランザクションデータを改ざんすることはできません。そのため、通常は、自分のアドレスから送信したトランザクションを操作することで、改ざんを行います。しかし、自分が送信したトランザクションは既にネットワーク全体に伝播していて変更できないため、改ざんのための操作とは、新しい別のトランザクションを発行して、元のトランザクションを取り消すことを指します。

例えば、太郎さんがコーヒーショップで、残高500円の口座から500円のコーヒーを購入したとします。コーヒーを購入した取引が完了すると、取引の情報はブロックに記録されます。

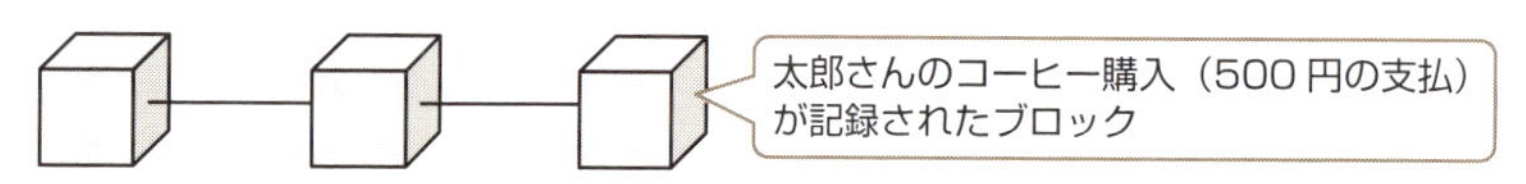

図 3.22　太郎さんのコーヒー購入の記録

その後、太郎さんはコーヒーの支払に使用した500円を取り戻すために、太郎さんがコーヒーを購入する前に遡って、太郎さんの口座から500円を別の口座に移動し、残高を0円にしようとします。その際に、太郎さんは500円を別の口座に移動するトランザクションを含むブロックを再作成し、コーヒーを購入したトランザクションを含むブロックと同じ順序で、ブロックチェーンにつなげます。この行為が改ざんです。

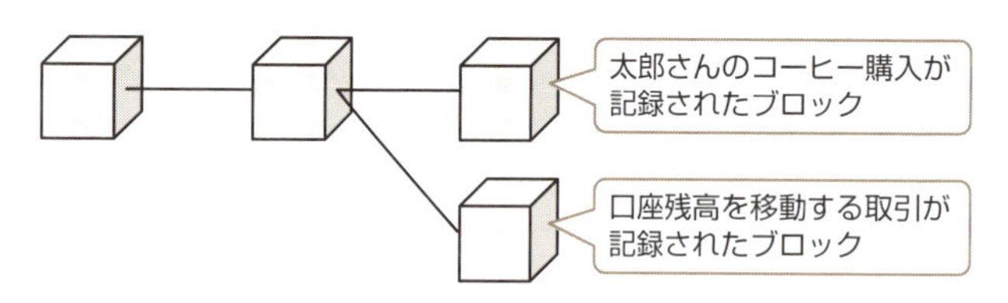

図 3.23　太郎さんの口座残高を移動する取引の記録

しかし、ブロックを再作成すると、「コーヒー購入が記録されたブロック」と「口座残高の移動が記録されたブロック」の2つのブロックが存在することになり、ブロックチェーンが分岐します。その後、どちらのブロックチェーンに記録された取引を有効とみなすかの判定が行われます。

Bitcoin や Ethereum など、分岐が発生するブロックチェーンでは、つながっているブロックの長さなど[注5]を基にして、どちらが有効かを判定します。改ざんを有効にするためには、過去に遡って、記録した取引を含むブロックにさらに別のブロックをつなげていく操作を行うことになります。

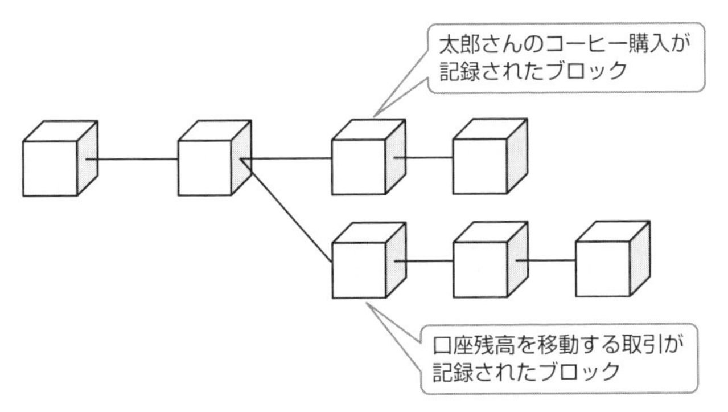

図 3.24　分岐したブロックチェーンの有効判定

仮に、後から記録した口座残高を移動する取引を含むブロックチェーンが有効とみなされたとします。このとき、もう一方の無効とみなされたブロックチェーンに記録されたコーヒーを購入した取引は、いったん無効となります。しかし、無効とみなされたブロックに含まれるトランザクションは破棄されるのではなく、新しく作成されるブロックに格納されるトランザクションとして扱われます[注6]。そのため、コーヒーを購入した取引はいったん無効となった後に有効なブロックチェーンに取り込もうとしますが、口座残高を移動した後のコーヒー購入であるとみなされ、残高が足りずに取り込みは失敗に終わり、結局は無効のままとなってしまうのです。

その仕組みを説明します。取込みが失敗に終わるのは、「二重取引防止の仕組み」と同じ理由です。UTXO 型のブロックチェーンでは、トランザクションに入力トランザクションを指定します。太郎さんの例では、コーヒーを購入する取引に指定する入力トランザクションと、口座残高を移動する取引に指定する入力トランザクションには同じ出力トランザクションが使われます。先行するブロックに記録された残高を移動する取引が有効とすれば、その時点で入力トランザクションとして使用した出力トランザクションは使用済みとなります。その後にブロックに記録しようとするコーヒーを購入する取引で使用しようとしていた出力トランザクションは使うことができず、コーヒーを購入する取引は無効となります。

注5　Ethereum では、直列につながるブロックの数に加えて、古いブロックから分岐してつながっているブロックを有効判定の計算に含めるため、単純に長いブロックチェーンが有効になるとは限りません。

注6　実際には、分岐しているそれぞれのブロックに含まれるトランザクションには重複しているものが多く、無効とみなされたブロックに含まれているトランザクションは、有効とみなされたブロックに既に含まれていることが多いです。

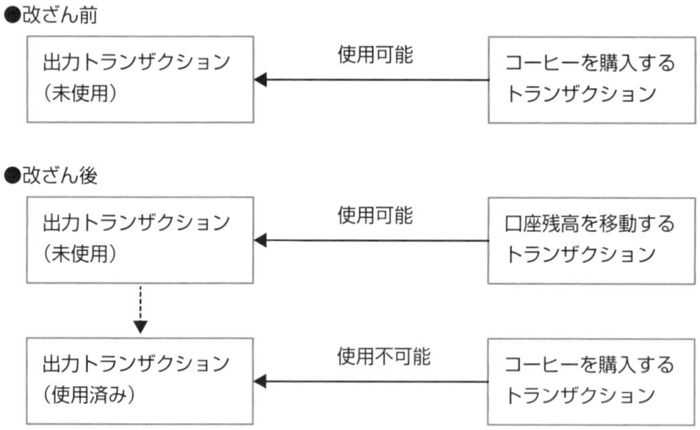

●改ざん前

出力トランザクション（未使用）　←使用可能―　コーヒーを購入するトランザクション

●改ざん後

出力トランザクション（未使用）　←使用可能―　口座残高を移動するトランザクション

↓

出力トランザクション（使用済み）　←使用不可能―　コーヒーを購入するトランザクション

図 3.25　UTXO 型での改ざん方法

アカウント型のブロックチェーンの例として、Ethereum の場合を考えます。Ethereum ではトランザクションにアドレスごとの処理する順序を示す番号が指定されます。トランザクションは指定された順序で処理されるため、コーヒーを購入したトランザクションよりも前に処理しようとすると、口座残高を移動するトランザクションの順序には、コーヒーを購入したトランザクションの順序と同じ番号が指定されます。先行するブロックに記録された、残高を移動する取引が有効となれば、その後にブロックに記録しようとするコーヒーを購入した取引の番号は、既に処理済みの番号であるため、コーヒーを購入した取引は無効となります。

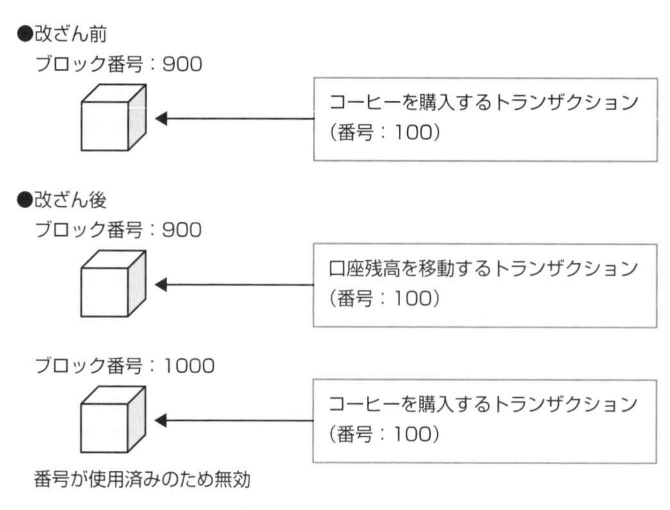

図 3.26　Ethereum での改ざん方法

これで、コーヒーの購入取引を一時的に成立させて、その後に無効にすることができました。つまり、太郎さんは500円の支払を行わずにコーヒーを受け取ったことになります。これがブロックチェーンの改ざんです。

5.3　時間は遡れない

しかし、このような改ざんを実際に行うには、過去に遡って、不正なトランザクションを加えたブロックを作成するしかありません。新しくブロックを作成すると、ブロックチェーンは分岐します。新しく作成したブロックでは当然ブロックハッシュも変わるため、図3.27のように、ブロックチェーンの一部のブロックのみを変更することはできず、そのブロックの先につながっているブロックも作成し直すことになります。さらにその次のブロックも作り直し、最新のブロックまで全てのブロックを作り直して、もう一方の正しい取引が記録されているブロックチェーンよりも長くブロックをつながなければなりません。

また、ブロックの作成には、後で説明するコンセンサスアルゴリズムが用いられているため、特にパブリック型のネットワークで利用されるBitcoinやEthereumのブロックチェーンでは、多くのマシンリソースを必要とします。図3.28のように、改ざんしたブロックの後に長くブロックをつなぐには、多数存在する参加者全員のマシンリソースの合計よりも多くのマシンリソースを使って、ブロックを作成し続けなければならず、現実的には不可能に近いと考えられています。このことは、過去のブロックになるほど、データの改ざんに多くのマシンリソースを必要とするため、改ざんされる可能性が低いことを意味します。

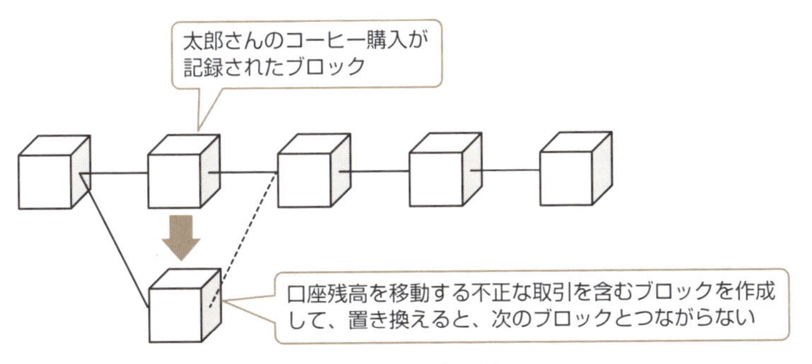

図3.27　一部のブロックのみを変更することができない

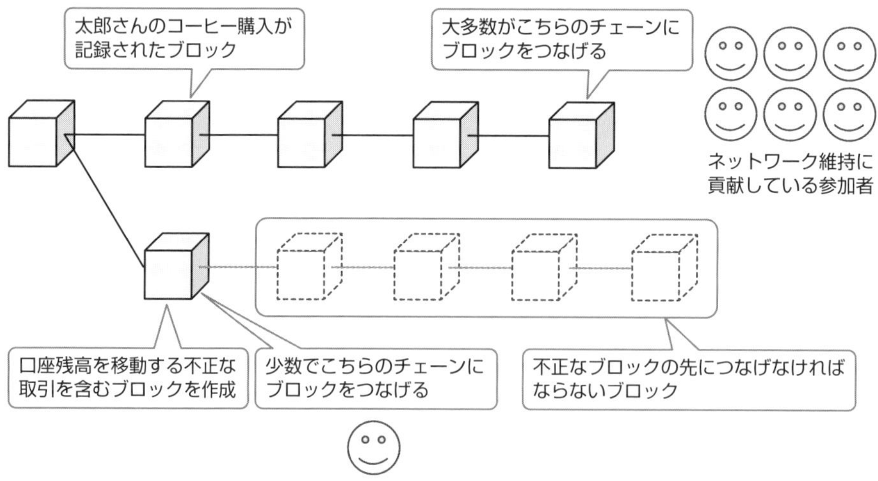

図 3.28　改ざん行為に必要な作業

逆の捉え方をすると、ブロックチェーンのデータは、ネットワークの複数の参加者が書き換え可能であるからこそ、それでも改ざんが起こらないことを担保するためにコンセンサスアルゴリズムが存在しているのです。

ここでは、分岐することを許しているブロックチェーンを前提にして説明しました。Hyperledger Fabricなどの許可型のブロックチェーン基盤技術では、ブロックを作成した時点で、そのブロックに含まれた取引が確定し、ブロックの分岐は発生しません。そのため、後から取引データが改ざんされることはありません[注7]。

注7　ブロックの作成権限を持つ全ての管理者が合意して、ブロックチェーンを再作成すれば、管理者による改ざんが行われる可能性があります。

6 コンセンサスアルゴリズム

ブロックチェーンの参加者は、ネットワーク上を流れるブロックを受け取って台帳に記録します。そのとき、「このブロックは正しいから受け取り、このブロックは正しくないから受け取らない」といった判断を下します。その判断は、ネットワーク全体で決めたアルゴリズムに従います。このアルゴリズムは、ブロックの正当性についてネットワーク全体で合意形成を図るという意味で「コンセンサスアルゴリズム」と呼ばれます。

ブロックの作成者は、コンセンサスアルゴリズムに従ってブロックを作成することで、ネットワークに受け入れられるブロックを作ることができるのです。代表的なコンセンサスアルゴリズムの例をいくつか見ていきましょう。

6.1 PoW (Proof of Work)

PoW は Bitcoin や Ethereum で実装されており、パブリック型のネットワークに適しています。PoW では、ブロックの作成者が行った仕事量（Work）によって、正しいブロックであることを証明します。ここでいう仕事量とは計算処理量のことであり、多くの CPU リソースと消費電力を費やすことで、ブロックの正当性が証明されていると言い換えることもできます。

PoW の計算処理は、ブロックに設定するブロックハッシュ（ブロックの正当性を証明するハッシュ値）を求める処理のことです。ハッシュ値とは、前述したように、入力データを元に算出した一定の長さの文字列です。ハッシュ値は不可逆な値であり、元の入力データに戻すことはできず、元の入力データを推測することもできません。

PoW では、元の文字列を知っている人のみがハッシュ値を作成でき、ハッシュ値からは元の文字列を導き出せないという特性を利用します。1 つ前のブロックハッシュ、ブロックに格納するトランザクション、それに「ナンス」と呼ばれる自由に決めることができる任意の値を使ってハッシュ値を算出し、それを作成するブロックのブロックハッシュに設定します。

ここで重要なのは、PoW のアルゴリズムが、ブロックハッシュの値について、「ある値以下でないと正しい値として認めない」と定めていることです。そのため、ブロックの作成者は、自由に決めることができるナンスを変えながら計算処理を繰り返し、ある値以下となるようなナンスとブロックハッシュの組合せを算出します。

「入力データをわずかに変更しただけで、算出されるハッシュ値は全く異なる文字列になる」と説明したように、ブロックハッシュを算出する過程で「条件に近づいた」と思っても、ナンスを推測することはできません。例えば、ナンスが 99 のときに条件に近づいたとしても、100 がさらに近づくとはいえないのです。したがって、ブロックハッシュを算出するには、地道に計算するしかありません。

　このようにして、ブロックハッシュの値についての条件が厳しければ厳しいほど、ブロックの作成者は膨大な計算処理をしなければなりません。これが、Proof of Work（仕事量の証明）と呼ばれる理由です。

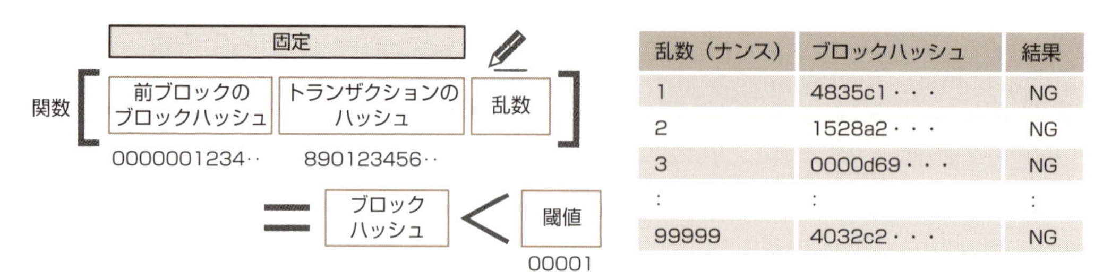

乱数（ナンス）	ブロックハッシュ	結果
1	4835c1・・・	NG
2	1528a2・・・	NG
3	0000d69・・・	NG
:	:	:
99999	4032c2・・・	NG

図3.29　ブロックハッシュの算出例

　一方、ブロックの受取り側は、ブロックに含まれている前ブロックのブロックハッシュ、トランザクション、ナンスから簡単にブロックハッシュを算出することができるため、ブロックの検証作業を簡単に行うことができます。受取り側は検証したブロックハッシュの値が正しければ、受け取ったブロックに含まれている前ブロックのブロックハッシュに一致するブロックの次につないでいけばよいのです。

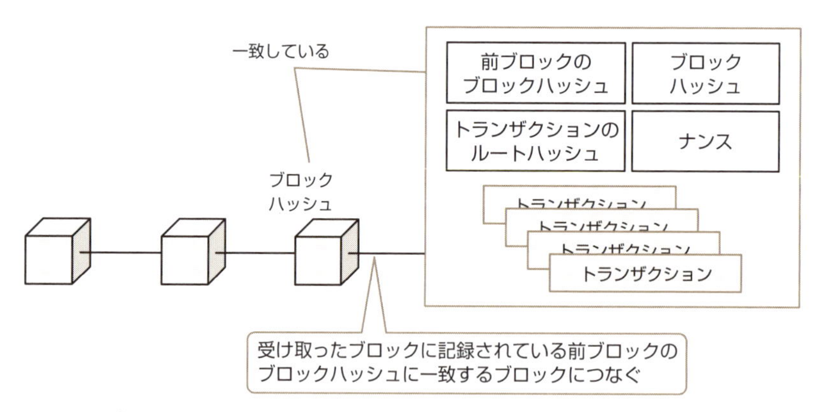

図3.30　ブロックのつなぎ方

6.2 PoS (Proof of Stake)

PoSは、Peercoinと呼ばれる暗号通貨で最初に実装されました。Ethereumでも実装が検討されているコンセンサスアルゴリズムであり、PoWと同様にパブリック型のネットワークに適しています。

PoWではブロックの作成者全員が公平に与えられた条件の下でブロックハッシュを算出する競争に参加します。その競争に勝つために、マシンリソースへの投資によってより多くの計算量を得ています。しかしこれでは、ネットワーク全体で見た場合、1ブロックを作成するためのコストが高くなり続けてしまい、経済的ではありません。そこで、このようなPoWの問題を解決するために、PoSではブロックの作成者が保有する価値（Stake）をコンセンサスアルゴリズムに取り込み、多くの価値を保有するほどブロックハッシュの計算条件が低くなるように設定しています。

そのため、価値を多く保有するほどブロック作成競争に優位であり、ブロック作成者の投資対象は、計算処理を行うマシンリソースから価値の保有へと移ります。これは、「価値を保有する者は、その価値を維持するために、不正を働くことなくブロックを作成し、ネットワークの健全な運用に貢献する必要がある」という理念に基づいています。PoSではブロックを作成するために必要な計算量が少なく、経済的であるのと同時にブロック生成時間の短縮にもつながります。

このほかにも、NEM[注8]がPoSの考え方を元に独自に開発したPoI（Proof of Importance）と呼ばれるアルゴリズムでは、保有通貨の残高とネットワーク上での取引額によってその参加者の重要度を独自に算出し、ブロックハッシュの計算条件に使用しています。PoSとPoIのいずれもが、コンセンサスアルゴリズムのロジックとして、ネットワークの維持に貢献しているブロック作成者に有利な計算条件を提示しています。図3.31に示すように、参加者のネットワークへの貢献度（importance of the account）が大きければ、targetの値が大きくなるので「hit < target」の条件を満たしやすく、ブロック生成の機会を多く持つことができます。

注8 NEM（New Economy Movement）はUtopianFutureと呼ばれるBitcoin Talkフォーラムユーザによって開発が開始された、パブリック型ネットワークのブロックチェーンであり、オープンソースソフトウェアとして公開されています。

5.3 Block creation

The process of creating new blocks is called *harvesting*. The harvesting account gets the fees for the transactions in the block. This gives the harvester an incentive to add as many transactions to the block as possible. Any account that has a *vested balance* of at least 10,000 XEM is eligible to harvest.

To check if an account is allowed to create a new block at a specific network time, the following variables are calculated:

$$\begin{aligned} h &= H(\textit{generation hash of previous block, public key of account}) \\ &\quad \text{interpreted as 256-bit integer} \\ t &= \textit{time in seconds since last block} \\ b &= 8999999999 \cdot (\textit{importance of the account}) \\ d &= \textit{difficulty for new block} \end{aligned}$$

and from that the *hit* and *target* integer values:

$$\begin{aligned} hit &= 2^{54} \left| \ln\left(\frac{h}{2^{256}}\right) \right| \\ target &= 2^{64} \frac{b}{d} t \end{aligned}$$

The account is allowed to create the new block whenever $hit < target$. In the case of delegated harvesting, the importance of the original account is used instead of the importance of the delegated account.

出典：https://www.nem.io/wp-content/themes/nem/files/NEM_techRef.pdf

図 3.31　PoI のコンセンサスアルゴリズム

6.3 PBFT (Practical Byzantine Fault Tolerance)

PBFT は「ブロックの作成競争を行わない」という点で PoW や PoS と大きく異なります。PBFT では特定の参加者が設計したブロックを、ほかの参加者が検証することによって、ネットワーク全体で合意を得たとみなします。ここでいう「ブロックの設計」とは、ブロックにどの取引をどの順番で含めるかを決めることを指します。

ブロックの作成競争がないため、ブロックの正当性を証明するための計算処理が単純です。また、ほかのコンセンサスアルゴリズムと比較すると、最も経済的かつ高速にブロックを作成することができます。しかし、これを実現するには、誰がブロックを設計し、誰が検証するのかについての役割分担を事前に決定しておく必要があります。そのため、ネットワークの参加者に対して役割を与える、特別な権限を持った管理者が存在します。PBFT は許可型のネットワークで利用でき、Hyperledger Fabric のバージョン 0.6 などで実装されています。

PBFT では、参加者の中からリーダーを選出し、リーダーが設計したブロックを次の手順で受け入れます。

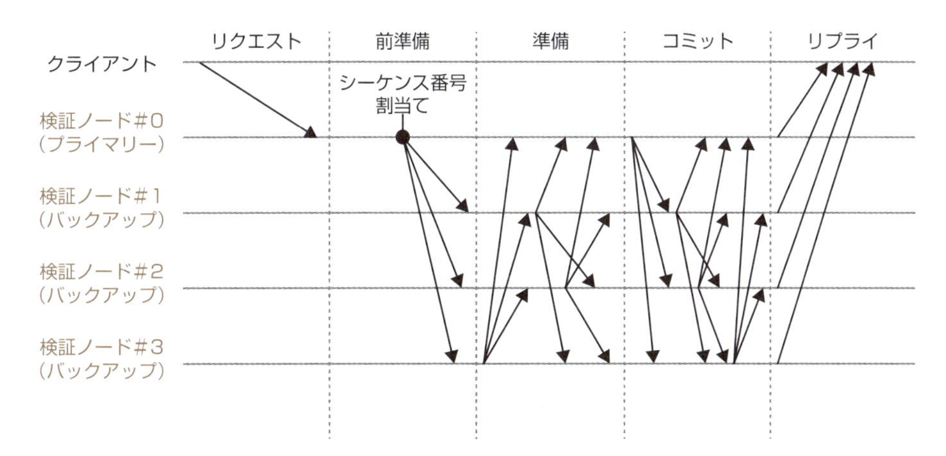

出典：Hyperledger Fabric 1.0 概要　http://www.slideshare.net/Hyperledger_Tokyo/hyperledger-fabric-10

図 3.32　PBFT のブロック生成フロー

1. （リクエスト）クライアントは、トランザクションをリーダー（検証ノード #0）に送信します。
2. （前準備）リーダーがブロックに格納するために順序付けたトランザクションのリストを、検証する参加者（検証ノード #1 ～ #3）に送信します。
3. （準備）検証ノードは受け取ったトランザクションが改ざんされていないことを確認し、結果をほかの検証ノードに送信します。
4. （コミット）検証ノードは、規定の台数のほかの検証ノードから結果を受け取ると、トランザクションリストの順序に従って 1 つずつトランザクションを実行し、ブロックを作成します。そのブロックをブロックチェーンにつなげます。
5. （リプライ）検証ノードは、トランザクションの記録が完了したことをクライアントに通知します。

6.4　endorse-order-validate

Hyperledger Fabric のバージョン 1.0 では、次のように、ブロック生成処理を工程ごとに分割し、参加者が役割に応じた処理を行います。

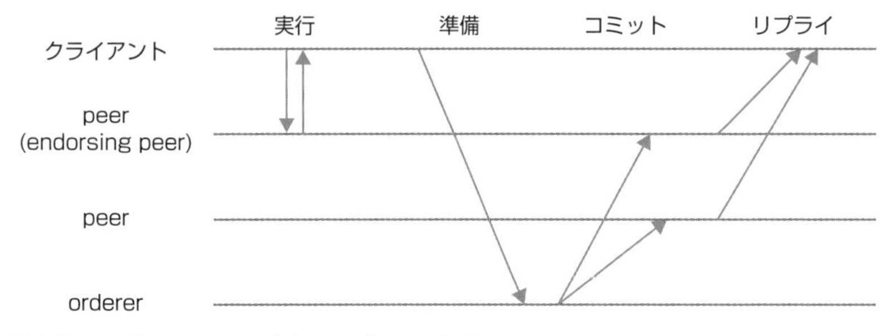

図 3.33　endorse-order-validate のブロック生成フロー

1. （リクエスト）クライアントは、トランザクションを peer に送信します。peer はトランザクションをシミュレーション実行し、結果の値に署名をしてクライアントに返します。シミュレーション実行の役割を持つ peer を「endorsing peer」と呼びます。
2. （準備）クライアントはトランザクション実行結果を orderer に渡します。orderer は、複数のトランザクションの実行結果を並べて、ブロックに格納するトランザクションの順序を決定し、ブロックを作成します。
3. （コミット）orderer は作成したブロックを同じブロックチェーンのネットワークの参加者（peer）に配布します。peer はブロックを検証し、結果が正しければブロックチェーンに記録します。トランザクションには実行前後の値が含まれ、peer が保有している値と一致しなければ、ブロックを受け取りません。
4. （リプライ）peer は、トランザクションの記録が完了したことをクライアントに通知します。

Hyperledger Fabric のバージョン 0.6 で採用されていた PBFT では、参加者はトランザクションの実行とブロックの作成を一人で実施しなければならず、複数のトランザクションを直列的にしか処理できなかったことが性能面での問題と考えられていました。endorse-order-validate では、ブロックの生成作業の役割を分担することで、処理を分散しています。また、トランザクションのシミュレーション実行の並列処理が可能であり、ブロック生成の処理性能の向上を見込むことができます。

パブリック型のブロックチェーンでは、PoW や PoS などの競争原理が働くコンセンサスアルゴリズムが実装され、コンソーシアム／プライベート型のブロックチェーンでは、PBFT や endorse-order-validate などの特定のリーダーによってブロックを決定することができるコンセンサスアルゴリズムが実装されます。

コンセンサスアルゴリズムとネットワークの種類には強い関係性が存在します。このコンセンサスアルゴリズムの違いによって、ブロックチェーンの特性にも違いが生じます。それぞれのコンセンサスアルゴリズムの特徴を覚えておいてください。

第4章

システム特性

本章では、システムとしてのブロックチェーンの特性を見ます。一般的なオンライントランザクション処理を行うシステムが備えているべき特性と対応させます。

1 CRUD操作

ブロックチェーンのデータ構造には、取引台帳として取引記録を書き込む箇所と、状態を管理する箇所があることを説明しました。取引記録は、全てのトランザクションを記録し、状態は、ブロック作成時点のトランザクションの実行結果を記録するものでした。

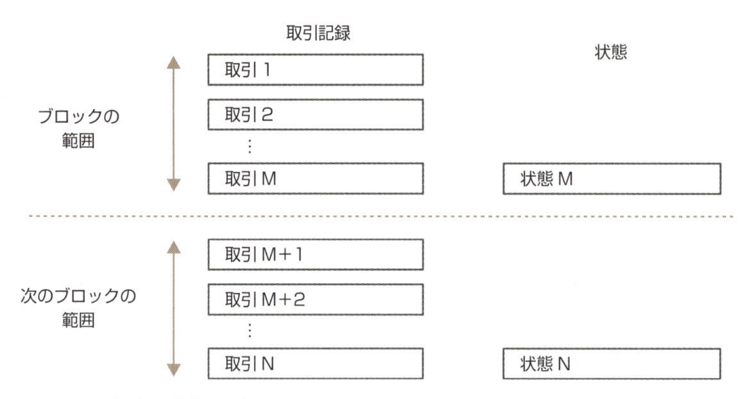

図4.1　取引記録と状態の関係

ここでは、ブロックチェーンのデータ管理においてCRUDがどのように処理されるかについて見ていきます。

1.1 データ登録の手順

まずは、CRUDのC（Create：登録）についてです。ブロックチェーンへのデータ登録は、第3章2節「トランザクションのライフサイクル」で見たように、次の順序で処理されます。

1. トランザクション要求を送信
2. トランザクション要求をネットワークに伝播
3. トランザクション要求を複数まとめてブロックを作成
4. ブロックをネットワークに伝播
5. ブロックを自身のブロックチェーンに取り込む

中央管理型のデータベース（以下DB）の場合は、トランザクション要求を送信し、DBへの登録完了を待つと処理が完了します。一方、ブロックチェーンの場合は、トランザクション要求を送信してから自身のブロックチェーンに取り込まれるまでに、ネットワーク上へのデータの伝播やブロックの作成及び取込みの処理が発生します。

プライベート型のブロックチェーンでは、ブロック生成にかかる時間を短くすることで、レスポンスタイムを短くする仕様が検討されています。しかし、参加者が同じ台帳を保有するための処理、すなわち、ネットワーク上にデータを伝播させる処理は必ず発生します。そのため、ブロックチェーンでの登録完了は、「トランザクションが記録されたブロックを自身が取り込んだ時点を以って登録完了とする」と定義するのであれば、登録処理のレスポンスタイムを短縮するのは難しいということになります。

● データベースの場合

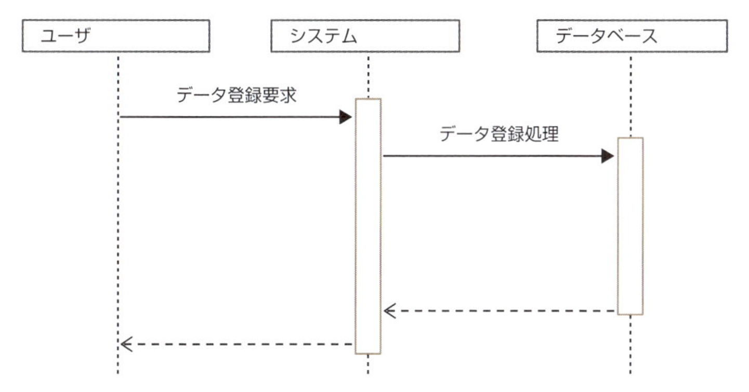

図 4.2　データベースでの登録処理

● ブロックチェーンの場合

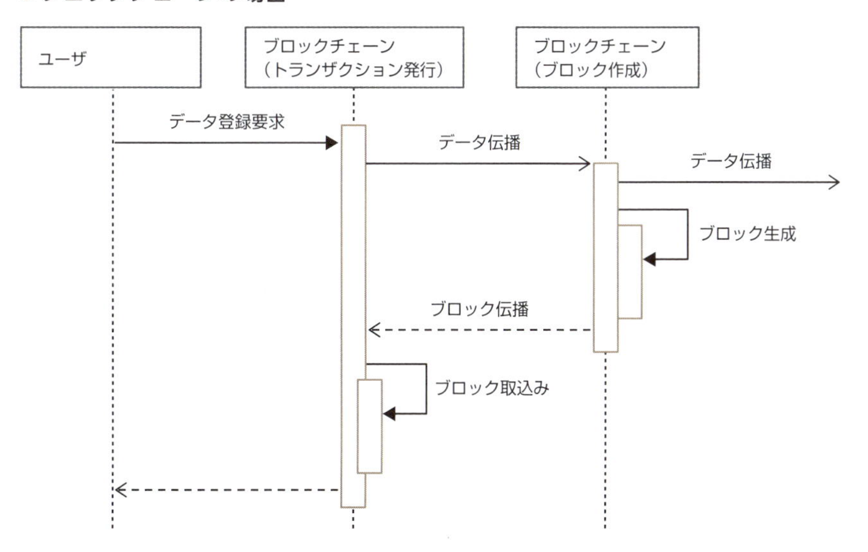

図 4.3　ブロックチェーンでの登録処理

1
2
3
4
5
6
7
8
9
10
11

1.2　データ参照の手順

次は、CRUD の R（Read：参照）についてです。ブロックチェーンからのデータ参照は、登録の処理手順とは異なります。

登録処理ではトランザクション要求を記録するためにブロックを作成し、ネットワーク全体で合意する必要がありました。ブロックチェーンにおける合意とは、トランザクション要求を記録したブロックが、ネットワーク参加者のブロックチェーンに取り込まれることでした。また、取り込んだブロックに対して後続のブロックがつながることでした。

参照処理では、ブロックの作成もネットワーク全体での合意形成も必要ありません。そのため、ネットワーク上にデータを伝播させる必要もありません。参加者は自身の手元に台帳を保有しているため、その台帳から参照データを抽出するだけでよく、レスポンスタイムも短いのです。また、手元に台帳があるため、ネットワークが切断されてもデータの参照は可能です。

1.3　データの更新と削除

最後は、CRUD の U（Update：更新）と、D（Delete：削除）です。これらは登録と同じ処理手順で行われます。

ブロックチェーンでは、トランザクションを記録したブロックをつなげることで登録処理を行い、過去に記録されたトランザクションの書き換えはできません。また、管理されている状態も、その時点の値は変更できません。そのため、ブロック番号を指定して状態の値を取得した場合、いつ取得しても必ず同じ値を取得します。

これは、過去のブロックに記録した状態そのものは、更新・削除できないということです。そのため、ブロックチェーンでは過去時点の記録はそのままにして、先のブロックを作成する時点で、その状態の値を変更したり、値が存在しないように更新・削除したりします。ブロックチェーンの状態の更新・削除では、新しいトランザクションを送信し、次のブロックが作成される時点において、ブロックチェーンが管理する状態の更新・削除を行います。図 4.4 は、ブロック番号 102 の状態でトランザクションを送信し、ブロック番号 103 でトランザクションが処理されることで、太郎さんの残高が 2000 円に更新されたことを表しています。

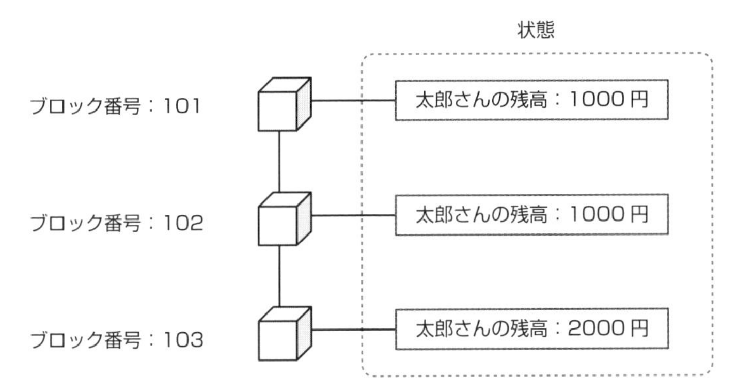

図 4.4　ブロックチェーンの状態データの更新・削除

ブロックを作成してデータを更新・削除する処理フローは、C (Create) と同じです。したがって、ここでもレスポンスタイムを短くすることは困難です。

2 ACID 特性

トランザクション処理を管理する DB システムが備えておくべき特性に、ACID 特性があります。ACID は Atomicity（原子性）、Consistency（一貫性）、Isolation（独立性）、Durability（永続性）の頭文字です。ブロックチェーンもトランザクション処理を管理するので、当然 ACID 特性を備えていなければなりません。ここでは、ブロックチェーンがどのようにして ACID 特性を満たしているのかを見ていきましょう。

2.1 Atomicity（原子性）

原子性とは、トランザクションの実行が終了したときに、処理が完全に終了しているか、全く行われていないかのどちらかの状態であることをいいます。つまり、「一部のデータだけを更新した状態で処理を終了してはならない」ということです。

ブロックチェーンでは、トランザクション要求の単位で原子性が保証されています。1 つのトランザクション要求が状態として管理している 2 つの変数の値を更新する場合、トランザクション要求の結果は、2 つの変数の値が更新されているか、または、2 つの変数の値が共に更新されていないかのどちらかです。

図 4.5 を見てください。トランザクション要求①の「太郎さんの残高を 100 円増加」と「花子さんの残高を 100 円減少」の 2 つの更新処理は、そのトランザクション要求がブロックに記録されるか、破棄されるかのいずれかであるため、原子性が保証されます。また、トランザクション要求①がいったんブロックに記録された後に無効となる場合も、「太郎さんの残高を 100 円増加」と「花子さんの残高を 100 円減少」の 2 つの更新処理の両方が破棄され、原子性が保証されます。

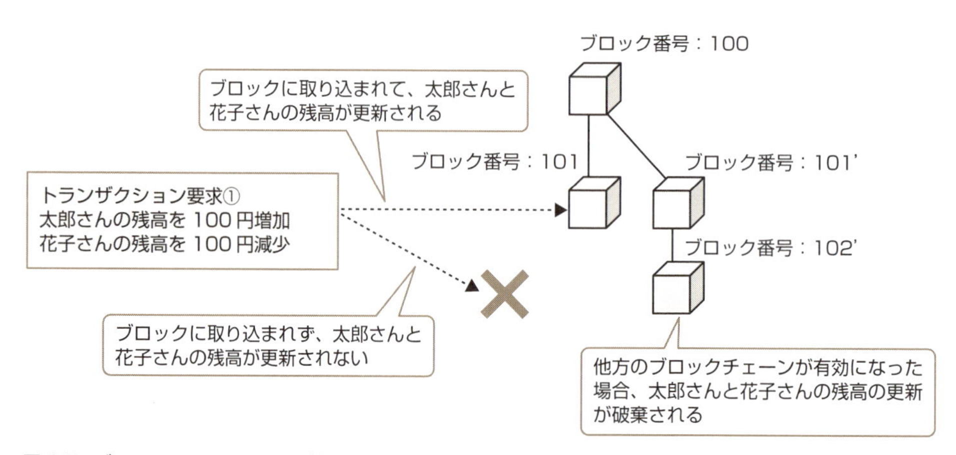

図 4.5　ブロックチェーンでの原子性

2.2 Consistency（一貫性）

一貫性とは、トランザクションの実行前後で内容に矛盾を生じさせないことをいいます。「内容に矛盾がない」とは、一意性制約や、形式制約、参照制約、ドメイン制約などによってデータの正当性が保たれることです。一例として、「残高が1000円しかない状態で、1200円の支払ができてしまうような矛盾を生じさせない」という場合を考えてみましょう。

ブロックチェーンでは、最終的にブロックの作成のタイミングで一貫性を保証しています。ブロックチェーンはトランザクションデータをネットワーク上に伝播させ、トランザクションデータを受け取った時点で検証が行われます。ブロックチェーンのネットワーク上の複数箇所で同時にトランザクションが送信された場合、一貫性を保証しないトランザクションが伝播されている可能性があります。それでも、内容に矛盾がない状態で登録処理が行われ、一貫性が保証されます。トランザクションは、ブロックに記録される段階で、前ブロックを指定してトランザクションの順序を保証します。そのため、ブロックに記録するトランザクションは状態を特定して処理を実行することができます。このとき、データの一貫性を保証しないトランザクションデータは破棄されます。

図4.6を見てください。トランザクション要求①「1200円を支払う」は、そのトランザクション要求がデータの一貫性を保証するものかどうかにかかわらず、ネットワーク上を伝播します。このトランザクションデータは記録するためのブロックに101番目を前ブロックとして指定することで、太郎さんの残高が1000円の状態であることを特定します。残高が1000円の状態では、1200円を支払うことはできず、102番目のブロック作成時にトランザクション要求①は破棄されます。

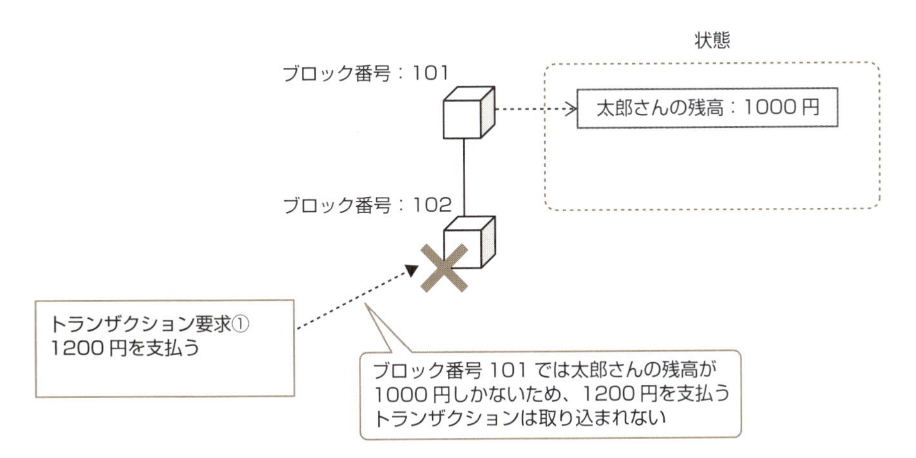

図4.6 ブロックチェーンでの一貫性

ブロックチェーンでは、ブロックを作成することでトランザクションデータが登録され、ブロックを伝播することでネットワーク全体に登録内容を通知します。ネットワーク参加者の受け取りには時間差が生じます。そのため、複数のネットワーク参加者が同時にデータを照会する場合には、異なる値を返す可能性があることに注意してください。

2.3 Isolation（独立性）

独立性とは、トランザクションの実行がほかのトランザクションに影響を与えたり、ほかのトランザクションの実行の影響を受けたりしないことをいいます。つまり、複数のトランザクションを同時に実行した場合でも、「ほかのトランザクションの実行による影響を受けずに実行すべし」ということです。

ブロックチェーンにおいては、トランザクションが順次処理で実行されるため、ほかのトランザクション実行の影響を受けません。トランザクション要求の送信は、同時に複数件発生する場合があります。「トランザクション要求を実行する」とは、トランザクションデータをブロックに記録することであり、複数のトランザクション要求はブロックに記録するタイミングで1件ずつ実行されます。この処理中に別のトランザクションが割り込むことはなく、トランザクションの独立性は保証されています。

それでは、ブロックチェーンの参照処理において、ダーティーリード[注1]、ノンリピータブルリード[注2]、ファントムリード[注3]のような不都合な読み込みは発生しないのでしょうか。ブロックチェーンのトランザクションの単位は、トランザクション要求の送信の単位であることを「原子性」で説明しました。トランザクションはブロックへの記録時に実行され、トランザクション実行時に参照するデータは、そのトランザクションを格納するブロックが指定する前ブロックの状態に特定されます。そのため、トランザクション中に異なるデータの読み取りであるノンリピータブルリード、ファントムリードは発生しません。

図4.7を見てください。トランザクション要求①の処理内で複数回の残高照会、取引履歴照会を実行した場合、照会する値は同じであることが保証されています。仮に、トランザクション要求①と同時に残高を更新するトランザクション要求②が発生したとしても、トランザクション要求②の処理が割り込むことはありません。

太郎さんの残高が1000円の状態で、トランザクション要求①とトランザクション要求②（太郎さんの残高を－300円する）が発生すると、トランザクション要求②が処理されるタイミングはケース1から3のいずれかです。

注1　ほかのトランザクションが一時的に更新したコミットしていないデータが読み取れることです。

注2　トランザクション中に同一データを複数回読み取ったときに、ほかのトランザクションのデータ更新によって、異なる値が読み取れることです。

注3　トランザクション中に同一条件でデータを複数回読み取ったときに、ほかのトランザクションのデータ更新（追加、削除）によって、異なる件数が読み取れることです。

ケース1は、トランザクション要求②が前ブロックで処理されるケースです。トランザクション要求①は前ブロックの状態である太郎さんの残高が700円として処理します。

ケース2は、トランザクション要求②が同じブロックの先行として処理されるケースです。トランザクション要求①は前ブロックの状態である太郎さんの残高が1000円から、トランザクション要求②で300円を差し引いた700円として処理します。

ケース3は、トランザクション要求②が同じブロックの後続として処理されるケースです。トランザクション要求①は前ブロックの状態である太郎さんの残高が1000円として処理します。

ケース1から3のいずれでも、トランザクション要求①の実行中に照会する太郎さんの残高及び取引履歴は同じであり、ノンリピータブルリード、ファントムリードは発生しません。

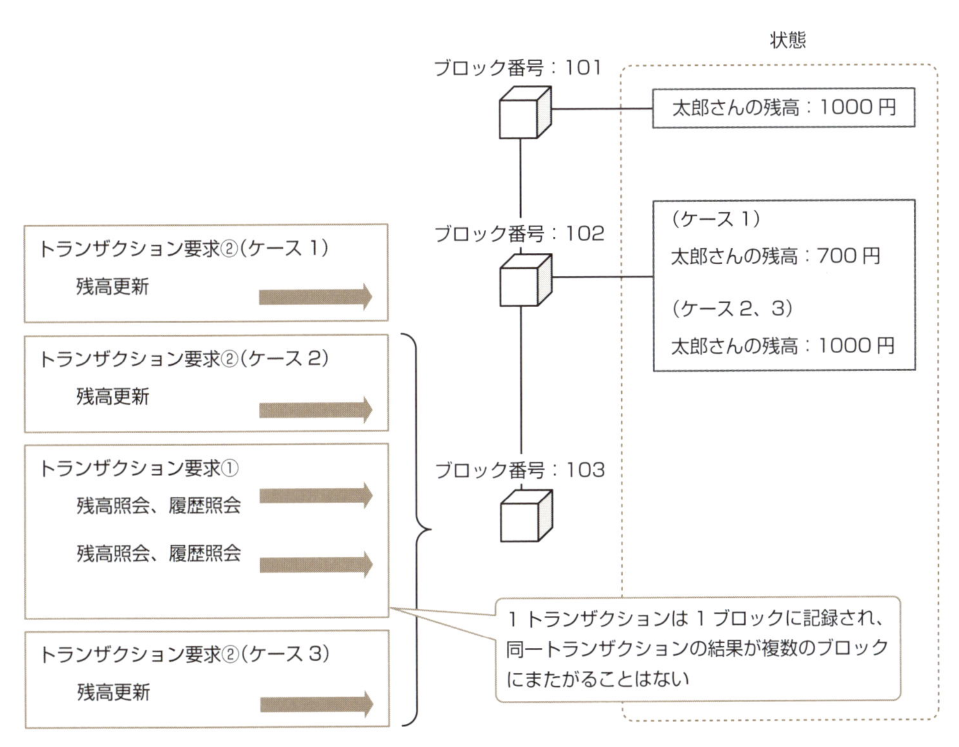

図 4.7 ブロックチェーンでの独立性 (1)

また、トランザクション実行中に参照するデータは、指定する前ブロックの状態を前提にしているという同じ理由から、ダーティーリードも発生しません。ブロックチェーンのデータは、ブロックへの記録後においても、ブロックチェーンの分岐によって、いったん記録したにもかかわらず無効化される可能性があります。ブロックに記録したデータが無効化される場合は、そのブロックにつながる後続のブロックも無効化され、無効化されたデータを前提として実行されたトランザクションがブロックチェーン上で有効になることはありません。

図 4.8 を見てください。ブロック番号 101 の状態で実行されたトランザクション要求（太郎さんの残高 1000 円を前提として 300 円を差し引く）は、ブロック番号 101 が無効になると同時に無効になります。そのため、ブロック番号 101 の状態で実行されたトランザクションは、ブロックチェーン上には存在しないことになります。

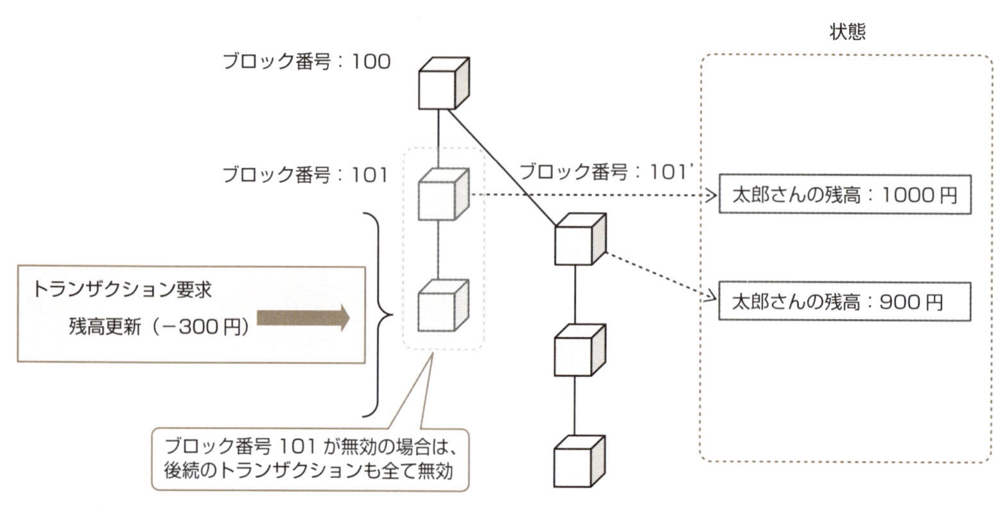

図 4.8　ブロックチェーンでの独立性 (2)

ここまでは、トランザクション実行時のデータの読み取りについて説明しました。しかし一方で、「ブロックチェーンのデータ参照は、ネットワーク全体にトランザクション要求を送信せずに自身が保有するブロックチェーンからも行える」と説明しました。トランザクション要求を送信せずにブロックチェーンの最新のブロックからデータを照会する場合には、ダーティーリード、ノンリピータブルリード、ファントムリードのいずれも発生する可能性があることに注意してください。

図 4.9 を見てください。「太郎さんが 100 円を支払う」トランザクションは、次郎さんによってブロックに記録され、花子さんと太郎さんに伝播します。花子さんが最新のブロックの値を複数回参照する場合、その間に最新のブロックが変更されていると、ノンリピータブルリード、ファントムリードが発生します。また、ブロックチェーンの分岐によってブロックが無効とみなされると、その前後の読み取りでは、ダーティーリードが発生します。

そのほかにも、ブロックの伝播には時間差があるため、同じ時点で花子さん、太郎さん、次郎さんがデータを参照しても、同じ値が取得できるとは限りません。

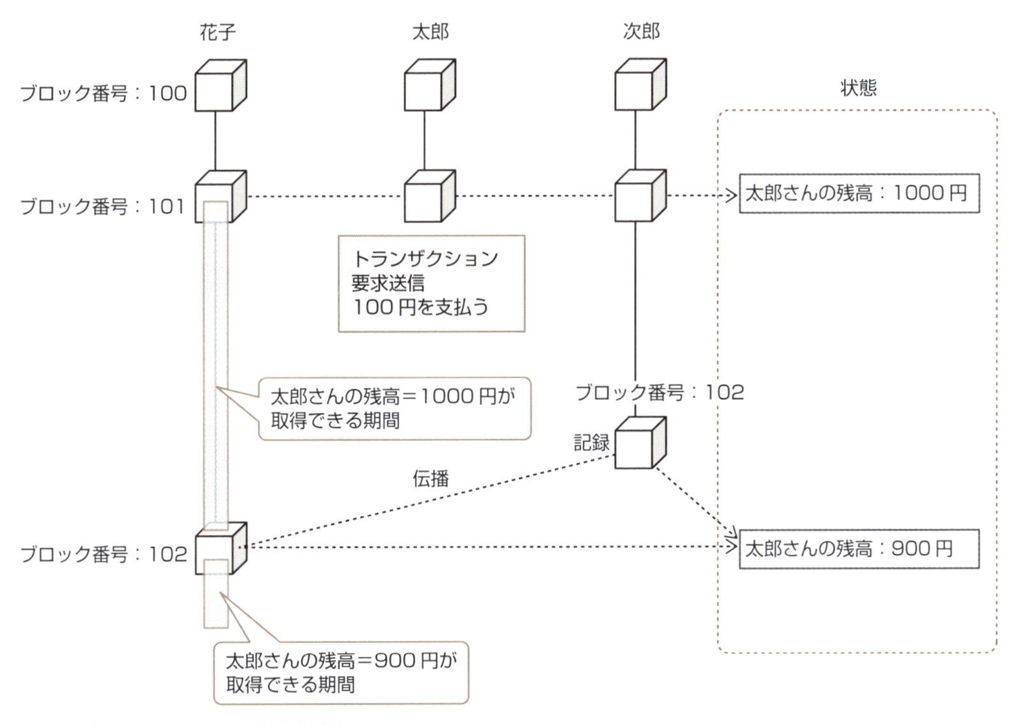

図 4.9 ブロックチェーンでの独立性 (3)

2.4 Durability (永続性)

永続性とは、トランザクションが正常に終了し、データが記録された後、そのデータは消失することなく未来において保持され続けることをいいます。これはハードウェアの故障時も含めて、データが永続的に保持されなければならないということです。

ブロックチェーンにおいては、ネットワークの参加者全員が同じ台帳を保有します。そのため、全員の台帳が同時に消失しない限り、仮にいずれかの参加者が保有する台帳が消失してもほかの参加者からデータを復旧することが可能です。ネットワークを広く構築し、参加者が多ければ永続性を保証しているといえます。

ただし、ブロックチェーンでは、ブロックに記録された直後のデータは、ブロックチェーンの分岐によって取り消される可能性があることに注意してください。ブロックに記録されたデータの取り消しと確定については本章5節の「ファイナリティ」で詳細に説明します。

3 スケーラビリティ

ブロックチェーンに関する議論ではたびたびスケーラビリティの問題が取り上げられ、スケーラビリティ向上に向けた意見が交わされています。

3.1 Bitcoinの現状

Bitcoinは2009年の運用開始から、送金手段・決済手段として取引数を増加させています。最近では、取り扱い店舗数の増加なども手伝って、電子マネーのような個人の支払手段の1つとして認知されつつあります。さらに、Bitcoinのブロックチェーンのネットワークには、Bitcoin以外の独自通貨（独自トークン）の取引や、金・株式・証券などあらゆる資産の権利移転取引が行われています。

それでも、2017年11月1日現在のBitcoin取引は1日当たり30万件程度です。VisaNetの世界最大規模の取引量1億5000万件に比べると、まだまだ小さい数字です。にもかかわらず、既にBitcoinのブロックチェーンの処理性能は増加する取引量に徐々に耐えられなくなっており、いずれ限界に達することが明白なことから、スケーラビリティ向上が喫緊の課題と目されています。

2017年7月23日にSegWit[注4]が導入されるまで、Bitcoinの理論上の最大処理数は1秒当たり7件でした。一方、VisaNetでは1秒当たり最大6万5000件以上を処理できるといわれ、大きな開きがあります。

ブロックチェーンの最大処理数は、ブロックの生成時間、ブロックサイズ、トランザクションサイズによって決まります。

$$1\text{秒当たりの最大処理件数} = \frac{\dfrac{\text{ブロックサイズ}}{\text{トランザクションサイズ}}}{\text{ブロックの生成時間(秒)}}$$

Bitcoinの場合は、ブロックの生成時間が平均10分（=600秒）、ブロックサイズが1メガバイト（=1,048,576バイト）、トランザクションデータサイズが250バイトであるため、

$$1\text{秒当たりの最大処理件数} = \frac{\dfrac{1{,}048{,}576}{250}}{600} = 6.99$$

注4　トランザクションデータから署名の格納場所を分離し、データサイズを縮小する仕様。これによりブロックに格納可能なトランザクション数を増やせます。

となり、1秒当たりの最大処理件数は7件程度というわけです。

3.2　3つの選択肢

ブロックチェーンのスケーラビリティを向上させるためには、計算式のいずれかの値を改善するだけでよい、次の3つの選択肢があります。

1. ブロックの生成時間を短縮する

単位時間当たりに生成するブロック数が増えれば、処理性能を改善できます。

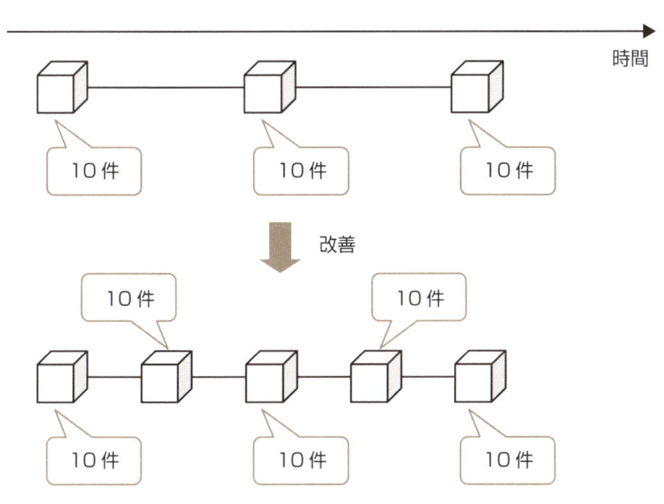

図4.10　ブロック生成時間短縮によるスケーラビリティ向上

2. ブロックサイズを大きくする

1つのブロックに格納するトランザクション数を増やせば、処理性能を改善できます。

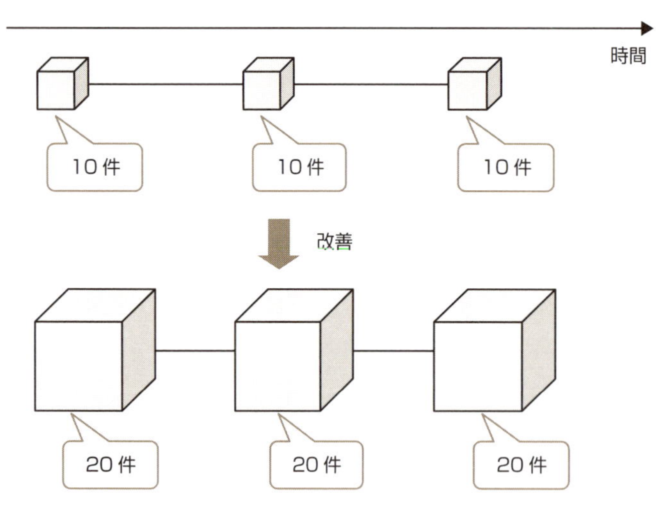

図 4.11　ブロックサイズ増加によるスケーラビリティ向上

3. トランザクションサイズを小さくする

トランザクションのサイズを小さくすれば、1 つのブロックに格納するトランザクション数が増えて、ブロックサイズを大きくする場合と同じ効果が得られます。

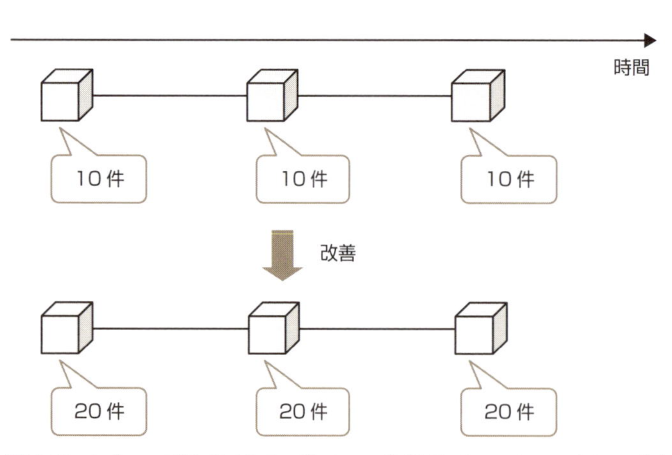

図 4.12　1 ブロック当たりのトランザクション数増加によるスケーラビリティ向上

Bitcoin では、「ブロックサイズを大きくする」と「トランザクションサイズを小さくする」の 2 点で対策が議論されました。Bitcoin はパブリック型のブロックチェーンであるため、悪意を持った参加者により、トランザクションの改ざんを目的としたブロックがネットワークを伝播することを想定しなければなりません。そうした悪意のブロックを、正しいブロックとして受け入れないようにするには、強固なコンセンサスアルゴリズムが必要です。しかし、ブロックの生成時間を短縮することは、ブロックハッシュを算出する難易度を低く設定することになります。その結果、コンセンサスアルゴリズムを弱めることになります。パブリック型のブロックチェーンでは、セキュリティの観点から、ブロックの生成時間を短縮する方法を選択するのは難しいのです。

一方、コンソーシアム／プライベート型のブロックチェーンでは、ネットワーク参加者が限定されることから、ブロックのコンセンサスアルゴリズムそのものにパブリック型ほどのセキュリティを求める必要がありません。そのため、スケーラビリティ向上のための選択肢として、まずはブロックの生成時間を短縮し、次に、ブロックサイズを大きくするといった対策が検討されます。トランザクションサイズを小さくするにはトランザクションの構造から見直す必要があり、ほかの2つに比べるとブロックチェーンソフトウェアのプログラムへの影響が大きいため、優先順位は下がります。

3.3 分散処理・並列処理は可能か？

以上の3つの対策は、いずれもブロックを作成する役割を持った一人の参加者が、処理できる取引数を増加する「スケールアップ」の考え方です。次に、「スケールアウト」の考え方を見てみましょう。簡単にいうと、スケールアウトは、複数の参加者に処理を分散することによって、スケーラビリティの向上を図ることを指します。では、果たして、ブロック生成処理を分散することは可能でしょうか。

ブロックチェーンの構造は、自分が作成するブロックに、前ブロックのブロックハッシュを記録します。そして、作成するブロックのブロックハッシュはブロックの作成結果であって、事前に予約しておくようなものではありません。つまり、ブロックを作成するときには、前のブロックが作成済みの状態でなければならず、前のブロックがわからない状態で、複数の参加者が同時にブロックを作成することはできないのです。

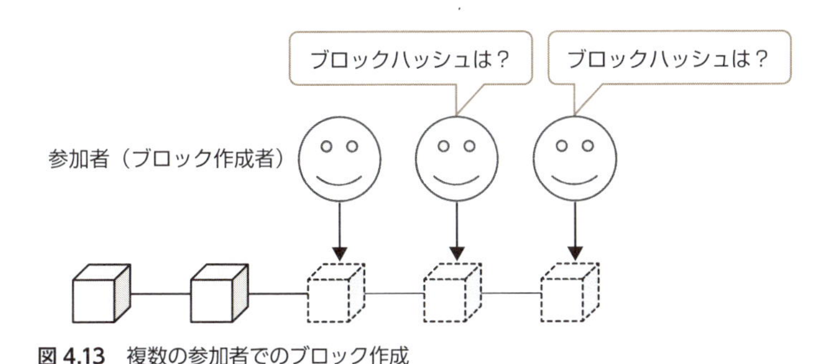

図 4.13 複数の参加者でのブロック作成

一方で、ブロックチェーンの仕様には、ブロックを作成する前のトランザクション要求に含まれるスマートコントラクトと呼ばれる処理の実行や、トランザクション要求の形式検証などを並列処理で実行する仕様が存在します（スマートコントラクトについては後で詳述します）。しかし、先ほど説明したように、ブロックチェーンのデータ構造上、最終的にブロックにデータを記録する処理を並列処理で実行することは、難しいといえます。ブロックチェーンのスケールアウトを考える場合、ブロックへのデータ記録がボトルネックとなる可能性があることに注意してください。

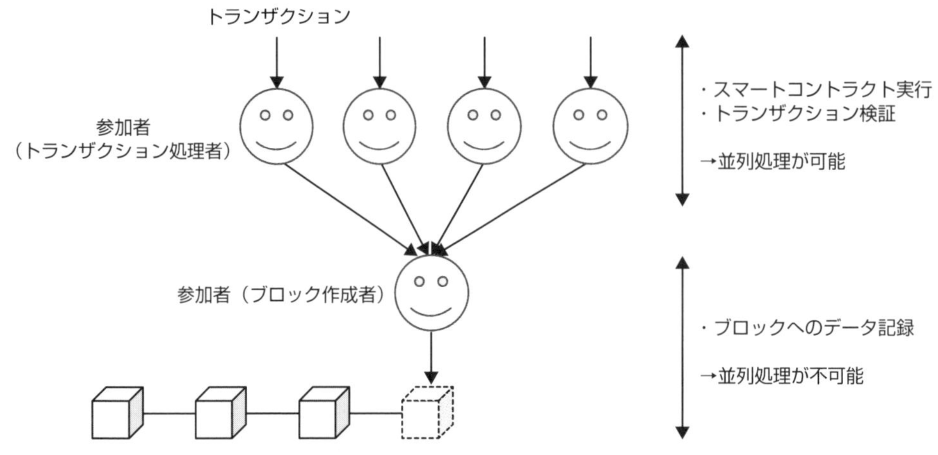

図 4.14　ブロックチェーンにおける並列処理

4 スループットとレスポンスタイム

処理性能の指標には「スループット」と「レスポンスタイム」があります。ブロックチェーンのスループットとレスポンスタイムはどうでしょうか？

4.1 DBと異なるスループット特性

スループットとは、単位時間あたりの処理量を指します。先ほどのスケーラビリティで説明した「1秒当たりのトランザクション処理件数」はスループットに当たります。Bitcoinのブロックチェーンを例にとり、「1秒当たりの処理件数が7件程度」と説明しましたが、この数字は1時間程度の長い時間で処理可能な件数を1秒当たりに換算したものです。したがって、「7件以下であれば1秒以内に処理できる」というわけではありません。Bitcoinのブロックチェーンの平均ブロック生成間隔である10分当たりに約4000件を処理できると捉えたほうが、ブロックチェーンのスループットを把握するうえでは正確です。

SQL Serverなどのデータベース（DB）では、データ登録は1件ごと処理されるため、図4.15のように、時間経過と共に処理件数は線形に増加します。しかし、ブロックチェーンでは、図4.16のように、ブロックを生成するタイミングで処理件数が増加します。長い時間幅での処理件数だけを見ると、DBとブロックチェーンでは同じ考え方ができますが、処理件数の増加の様子を見ると、違いがよくわかると思います。

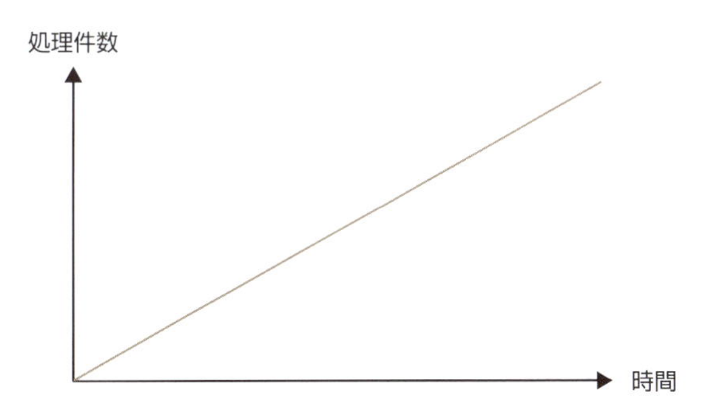

図4.15　データベースにおける時間と処理件数の関係

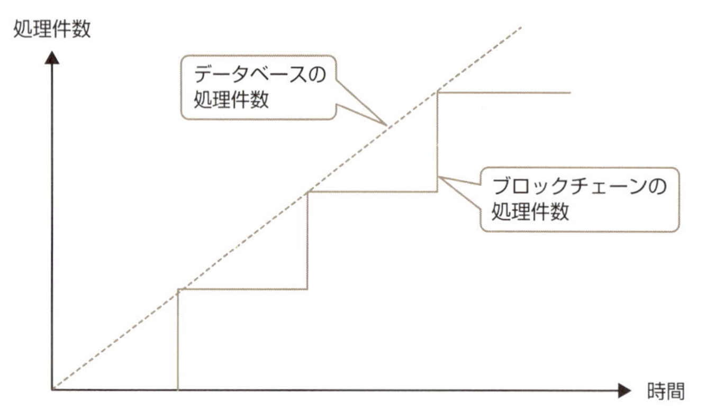

図 4.16　ブロックチェーンにおける時間と処理件数の関係

4.2　応答時間の構成要素

次にレスポンスタイムです。レスポンスタイムとは、要求を出してから応答が返ってくるまでの時間です。ブロックチェーンにおいて「要求を出す」とは、トランザクションを作成してネットワークに伝播させることであり、「応答が返る」とは、トランザクションを記録したブロックを受け取ることです。したがって、ブロックチェーンのレスポンスタイムは、次の処理時間の合計で表すことができます。

1. ブロック作成までの待ち時間
2. トランザクションの伝播時間
3. ブロックの作成時間
4. ブロックの伝播時間

「1. ブロック作成までの待ち時間」とは、前のブロックの作成が完了するまでの待ち時間です。ブロックチェーンにブロックをつなぐ作業（ブロックを作成する作業）は逐次的な処理であり、前のブロックがブロックチェーンにつながってから、次のブロックの作成作業を開始できます。そのため、トランザクションの伝播のタイミングにより「1. ブロック作成までの待ち時間」は異なります。すなわち、前のブロックの作成が完了する直前と、前のブロックの作成が開始された直後とでは、待ち時間が異なります。

図 4.17 のように、トランザクション 1 とトランザクション 2 は同じ時刻に処理が完了します。「1. ブロック作成までの待ち時間」では、トランザクション 1 が、トランザクション 2 よりも長くなります。

この場合、トランザクション1、2がN+1のブロックに取り込まれる保証はなく、処理待ちのトランザクション（未処理トランザクション）の数によっては、N+2以降のブロックに取り込まれるかもしれません。この現象は、特にBitcoinなどブロックの作成間隔が長いブロックチェーンにおいて、その違いが顕著に現れます。ブロックチェーンのレスポンスタイムを考える場合には、前ブロックの作成時間分を待つことを前提にしておくほうがよいでしょう。

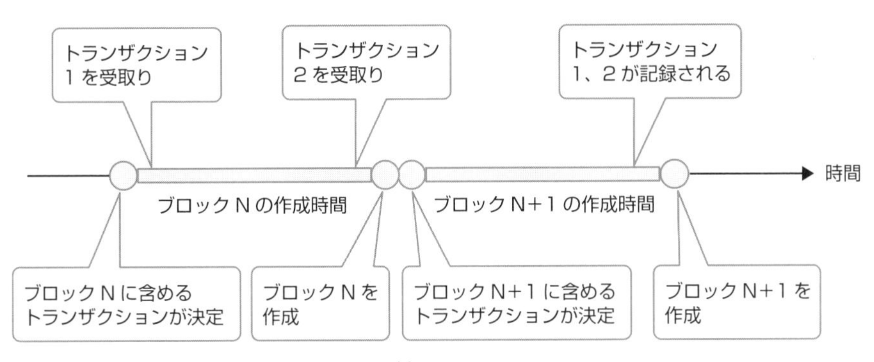

図 4.17 トランザクションの受取りと記録の関係

5 ファイナリティ

決済における「ファイナリティ」とは、決済が最終的に完了することであり、「支払完了性」とも呼ばれます。「ファイナリティのある決済」とは、確実に実行され、完了したことが保証された決済であり、その行為を後から変更または取り消すことができない決済をいいます。

逆に「ファイナリティのない決済」では、支払が取り消される可能性があります。例えば、あるコーヒーショップがコーヒーの代金を受け取り、コーヒーを提供したとします。このとき、代金の支払手段（受取り手段）としてファイナリティのない決済手段がとられた場合には、支払が取り消され、コーヒーショップは代金を得ずにコーヒーを提供してしまったことになるかもしれません。

コーヒーショップなどの決済手段には、当然のこととしてファイナリティのあるものが選ばれます。例えば、法定通貨、デビットカード、クレジットカード、電子マネーなどがあり多様ですが、いずれも中央銀行、銀行、クレジット会社などの信用によってファイナリティが担保されています。

では、ブロックチェーンの取引において、ファイナリティはどのように扱われているのでしょうか？パブリック型とコンソーシアム／プライベート型ではファイナリティの扱いが異なるため、それぞれの型について見ていきましょう。

5.1 パブリック型での扱い

パブリック型の場合、参加者の全員が対等な関係にあり、強力な信頼性を持つ特定の参加者が取引を保証するということはありません。ブロックチェーンに書き込む取引データは、なりすましがされていない本人によるものであることと、いったん書き込んだ取引データは改ざんが困難であることの2つによって真正性が保証されるため、取引を成立させることができます。

パブリック型のブロックチェーンにおいてファイナリティが問題となるのは、取引データを書き込んだブロックは、「何を以って受け入れられたとみなすことができるのか？」が曖昧な点です。Bitcoin や Ethereum では、複数の参加者が同時にブロックの作成作業を行うため、図 4.18 のように、新しいブロックでは参加者全員の状態が同じでない可能性が生じます。それは、複数の参加者が同時にブロックを生成したとき、ほかの参加者はネットワーク上の距離によって、どのブロックを先に受け取るかが異なるからです。

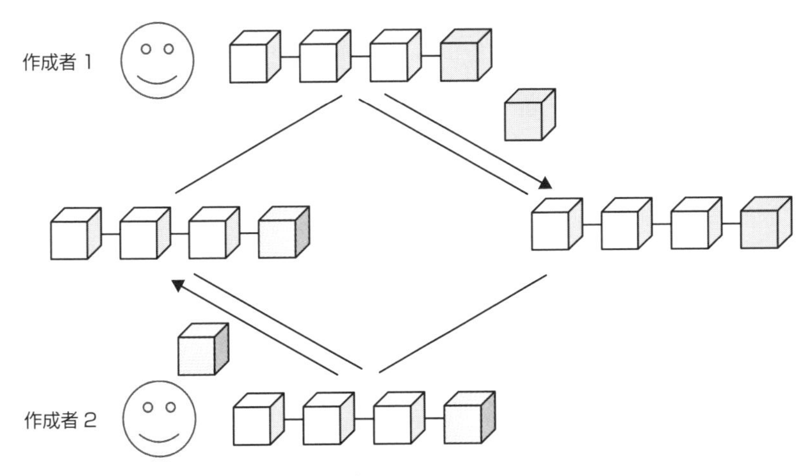

図 4.18　最新のブロックが同じでない状態

参加者ごとのブロックチェーンが異なる場合、その時点で1つの正しいブロックを決定するような調整は行われず、継続してブロックの生成作業が行われます。そのため、各参加者のブロックチェーンは、図 4.19 のように、一時的に相互に独立した状態となります。

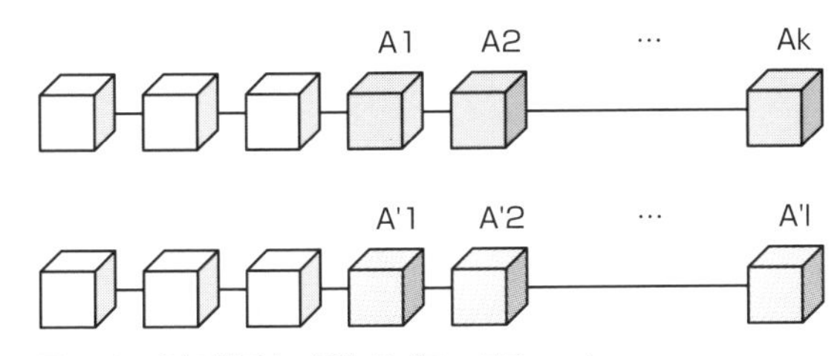

図 4.19　参加者同士で異なるブロックチェーン

この間、参加者同士の間では、常にブロックチェーンを同期しようとする連携動作が行われています。お互いのブロックチェーンの長さなどを基にして、どちらのブロックチェーンが有効であるかを選定しています。参加者は有効なブロックチェーンを発見すると、それを保有する参加者からブロックを受け取ります。このときの状態を「ブロックチェーンの分岐（フォーク）」と呼びます。分岐が発生した場合、無効とみなされたブロックチェーンのブロックに書き込まれた取引データは破棄される可能性があります。

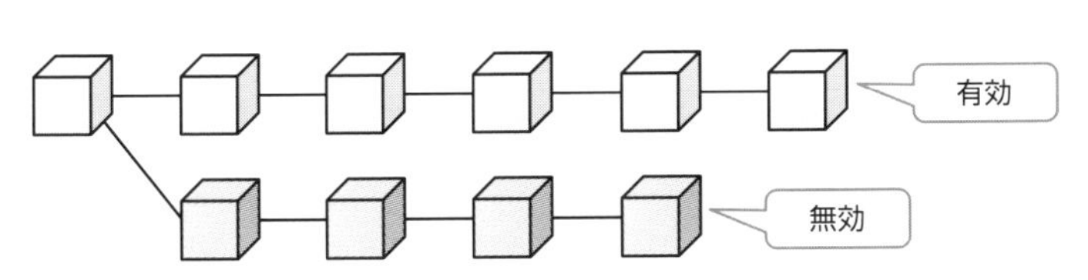

図 4.20　ブロックチェーンの分岐（フォーク）

図4.21に示すように、ブロックを取り消すには、ネットワーク上のほかの参加者が、取り消し対象のブロック以降のブロックチェーンよりも、長いブロックチェーンを保有していなければなりません。

新しいブロックの場合、ブロックを受け取るタイミングによって、取引データがいったん有効とみなされた後に、ほかの参加者のブロックチェーンが有効となり、取り消される可能性があります。一方、古いブロックの場合、それ以降にいくつものブロックがつながっているため、ほかの参加者がそれを超える長さのブロックチェーンを保有している可能性は低くなります。したがって、古いブロックほどフォークによってブロックの中の取引データが破棄される可能性は徐々に低くなるといえます。また、改ざんについても、古いブロックの場合には、短時間で多くのブロックを作成しなければならず、改ざんされる可能性が低くなります。ただし、理論上では、取引データが破棄される可能性が常に残ります。

パブリック型の特徴は、このように取引データが時間と共に徐々に確定の強度を増やしていくことにあります。Bitcoinにおいても、対象ブロック以降に6個のブロックがつながったことを表す「6確認」という言葉があり、ブロックの中の取引データを確定データとみなすための1つの基準を持っています。対象ブロック以降に1個のブロックがつながった「1確認」で取引が完了したと見るか、10個のブロックがつながった「10確認」まで待って取引が完了したと見るかは、取引データを扱う利用者がその取引データの性質を考慮して決める必要があります。

新しいブロックは比較的取り消されやすい

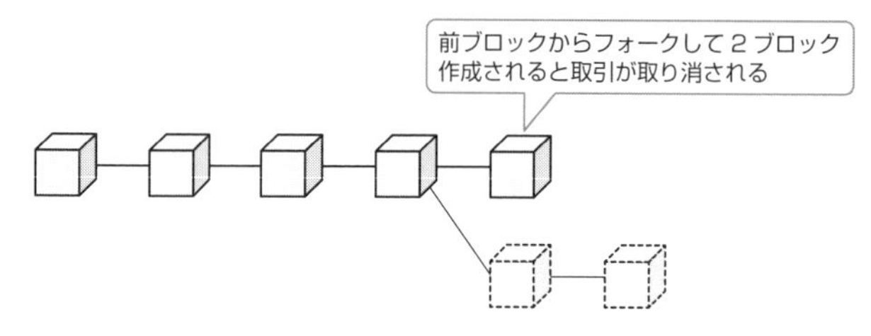

古いブロックほど取り消されづらい

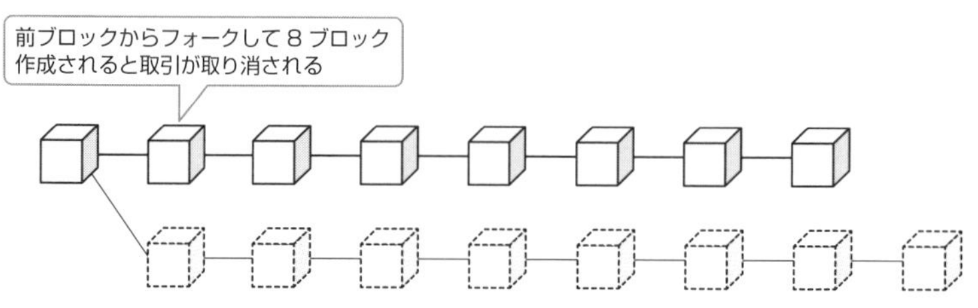

図4.21　ブロックの取り消し

5.2　コンソーシアム／プライベート型での扱い

一方、コンソーシアム／プライベート型では、図4.22に示すように、特定の参加者が次に作成するブロックの設計を行うため、フォークは発生しません。1つのブロックが承認された時点で取引は確定し、いったんブロックに記録された取引が取り消されることはありません。そのため、コンソーシアム／プライベート型は「ファイナリティがある」といわれます。

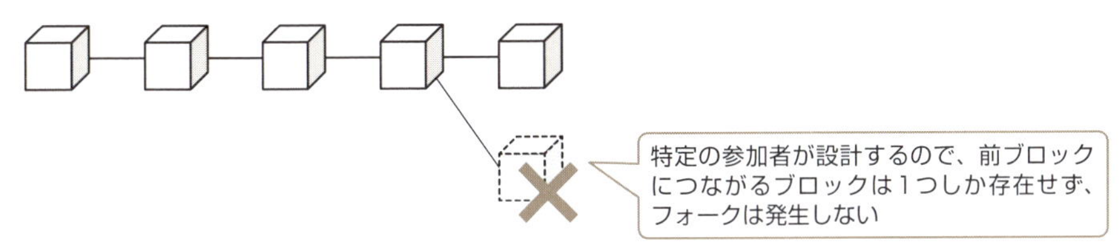

図4.22　コンソーシアム／プライベート型のブロックの連鎖

コンソーシアム／プライベート型では、銀行などの中央管理者が存在する決済手段と同じように、そのブロックチェーンネットワークの管理者の信頼性がとても重要になるのです。

5.3　まとめ

パブリック型とコンソーシアム／プライベート型とでは、ファイナリティに対する考え方が大きく異なります。ファイナリティのある取引を実現するには、信頼性の高い機関が管理者となって、コンソーシアム／プライベート型を採用することがベストの選択だといえそうです。

その主な理由は、パブリック型においてファイナリティのある状態になるまでにかかる時間です。しかし、「パブリック型は採用できない」というわけでは決してありません。どちらのタイプを採用するにしても、取引のファイナリティをどのように実現しているのか、その仕組みとリスクを正しく理解して、「軽減する」「転嫁する」「受容する」といったリスクマネジメントを行うことが重要です。

第5章 スマートコントラクト

本章では、「スマートコントラクト」と呼ばれる、ブロックチェーン上で実行するプログラムの概要を説明します。まず、スマートコントラクトの考え方を整理します。その後、このプログラムがブロックチェーンでどのように管理・実行されるのかを、確認していきます。

1　スマートコントラクトとは？

ここまでは、ブロックチェーンにトランザクションを記録し、送信元から仮想通貨などの価値を所有する権利を送信先に移転する様子について説明してきました。このような移転は、具体的にはどのように処理されているのでしょうか。

1.1　Bitcoin を送金する例

Bitcoin を使って、太郎さんから花子さんに送金する（Bitcoin の価値を所有する権利を太郎さんから花子さんに移転する）場合を例にして説明します。

1. 太郎さんは、保有するアドレスの Bitcoin を出力トランザクションに移動し、花子さんしか使うことができないように出力トランザクションに鍵をかける（花子さんのアドレスを指定する）。
2. 花子さんは、自分が花子であることを証明して、出力トランザクションの鍵を解除する（秘密鍵を使った署名、公開鍵を提示する）。
3. 花子さんが提示した署名と公開鍵が、出力トランザクションが指定するアドレスに対応するものであれば、出力トランザクションの鍵の解除に成功し、Bitcoin を使用することができる。

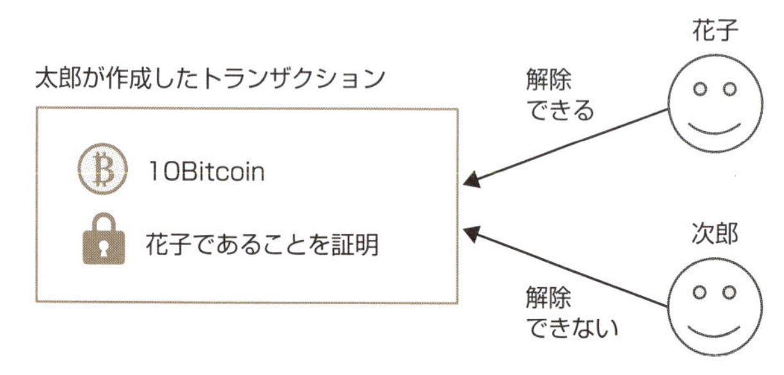

図 5.1　トランザクションの本人証明

Bitcoin は、主に送金の手段として使われ、図 5.1 のように、送金元が送金先のアドレスを指定して、出力トランザクションに鍵をかけています。しかし、鍵のかけ方（鍵の解除条件）を変更することで、取引当事者のアドレスに限らない様々な指定方法による、送金や価値の権利移転を実現することができます。

例えば、送金元が信頼する複数のアドレスのうちいずれか一人と、受取人本人であることの証明を解除条件とすると、送金元が信頼する機関（または人）の承認を得た人であれば、誰でも権利を譲渡するという使い方ができます。図5.2のように、太郎さんが、雪子さんまたは三郎さんのいずれかの承認を受けていれば解除できる、10Bitcoinの送金トランザクションを発行したとします。花子さんは、解除条件である雪子さんの署名と、花子さん本人の署名を提示することによって、太郎さんから10Bitcoinを受け取ることができます。

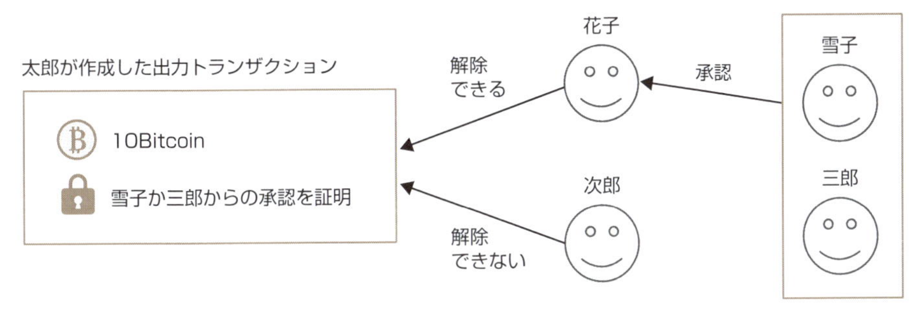

図 5.2 信頼する人の承認によって権利を譲渡する場合

1.2 契約の締結・履行・管理機能

このように、ブロックチェーンは、単に価値の権利移転を記入する台帳としての機能だけではなく、価値の権利移転を行う「条件管理」と「履行」の機能を備えています。これは、関係者間で直接契約を取り交わして契約書を管理し、契約条項に従って履行することを意味します。ブロックチェーンを使えば、契約当事者間に仲介人を置かずに、契約内容が改ざんされることなく確実に管理・履行されるのです。ネットワークの参加者が台帳を共有し、直接取引を可能にしている環境において、ブロックチェーンは台帳に記入される権利移転の取引を監視し、権利移転ルールをネットワーク全体に強制し、ルールを逸脱する権利移転の取引要求を排除する役割を担っています。

このことは、従来の契約管理業務を、より効率的なものへと変革できる可能性があり、大きなメリットをもたらすと期待されています。契約管理は様々な業界や業種に必要不可欠であり、ブロックチェーンが図5.3のような広範な分野へ適用可能といわれている理由にもなっています。

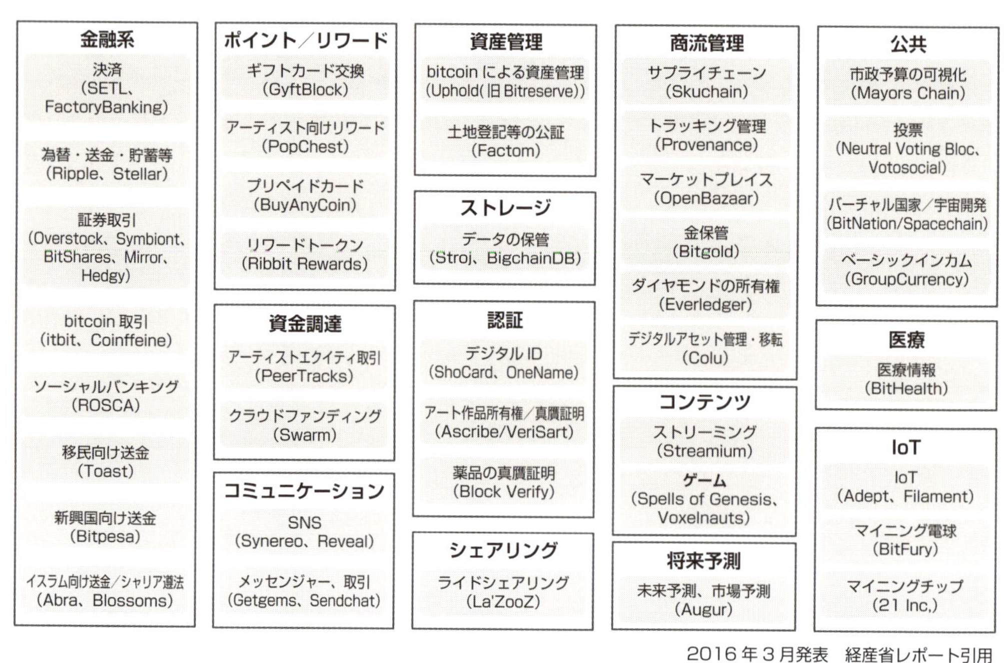

2016年3月発表　経産省レポート引用
平成27年度　わが国経済社会の情報化・サービス化に係る基盤整備
（ブロックチェーン技術を利用したサービスに関する国内外動向調査）報告書

図 5.3　ブロックチェーンの適用分野

このような自動的に行われる契約管理は「スマートコントラクト」と呼ばれます。スマートコントラクトの概念は、ブロックチェーン基盤技術から生まれたものではありません。2008年にブロックチェーンの始まりとされている Bitcoin に関する論文（Bitcoin: A Peer-to-Peer Electronic Cash System）が発表される前の1994年に、法学者であり暗号学者でもある Nick Szabo によって提唱されました。

Nick Szabo はスマートコントラクトのことを、「デジタル形式で記載された約束事で、当事者が約束事に従って実行するためのプロトコルを含んだもの」としています。ブロックチェーン上で実行するものに限っているわけではありませんが、ブロックチェーンは価値の所有者を管理し、その価値の権利を移転する機能を備えているため、スマートコントラクトの実行基盤として相性がよいのです。

1.3 ブロックチェーンでのスマートコントラクト

それでは、ブロックチェーンにおけるスマートコントラクトとは、具体的どのようなものなのでしょうか。ブロックチェーンの広がりと共に、「スマートコントラクト」の言葉もよく耳にするようになりましたが、同時にスマートコントラクトの解釈も数多く議論されています。現時点では、スマートコントラクトを共通して認識するための定義はなく、多くの議論を吟味して、スマートコントラクトを学術的に体系立てて解釈することは本書の目的ではありません。本書では、読者のみなさんと「スマートコントラクトとは何か」の認識を合わせたうえで、「ブロックチェーンを使ったシステムの全体設計を、どのように行うのか」について整理していきます。

先ほどはBitcoinを例にスマートコントラクトを説明しましたが、Bitcoinで実装できる権利移転のための処理実装は「チューリング不完全[注1]」であり、かつ「ステートレスな検証[注2]」のみ可能です。Ethereumはこれらの制約を排除し、より自由にプログラムを構築できるプラットフォームとして開発されました。

Ethereumでは、自身のプラットフォーム上で構築するプログラムを「スマートコントラクト」と呼んでいます。本書もそれに倣って、「ブロックチェーン上に構築されたプログラム」をスマートコントラクトと呼ぶことにます。プログラムには、権利の移転と関係なく、単に図5.4の“Hello World”のような文字列を返すだけの処理を実装することもできますが、本書ではそれも「スマートコントラクト」と呼ぶことにします。

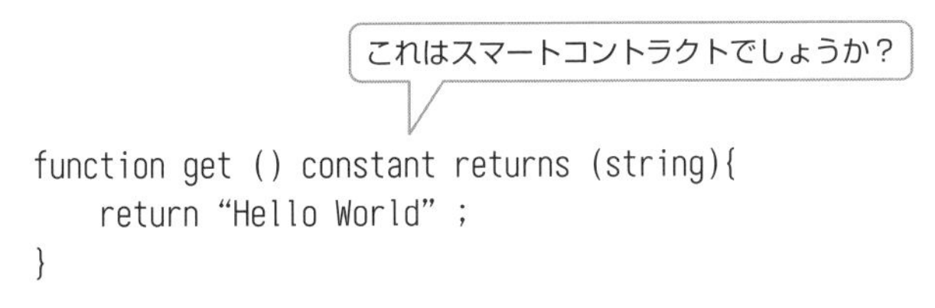

図5.4　Hello World プログラム

「”Hello World” はスマートコントラクトではない」などの議論をするよりも、「”Hello World” をスマートコントラクトとして実装すべきか、つまりブロックチェーン上に構築すべきか」について議論することのほうが、重要であると筆者は考えています。また、上の段落にあるような本書の解説は1つの考え方であって、スマートコントラクトの捉え方はステークホルダや場面によって異なり、共通した定義は存在していないことを覚えておいてください。

注1　Bitcoinでは、if文や繰り返し処理を含むプログラムを実装することができません。これは、トランザクションに不正なプログラムを内在させて、ネットワークが攻撃されることを防止するためですが、「完全な処理をプログラミングできない」ということで、チューリング不完全なのです。

注2　Bitcoinでは、1つずつのトランザクションで処理が完結し、途中の状態を持ちません。送金を例にすると、トランザクションでは、指定された入力トランザクションが未使用トランザクションであることと、署名の検証を行いますが、いずれもトランザクションが含んでいるデータの検証です。Bitcoinのトランザクションは状態を持たないため、同じアカウントで1つ前に実行したトランザクションの結果を元に、次のトランザクションを検証するようなことができません。

2 プログラミングコード

スマートコントラクトを実行することができる代表的なブロックチェーン基盤技術として、Ethereum と Hyperledger Fabric を取り上げましょう。スマートコントラクトは、Ethereum では「Contract」として実装し、Hyperledger Fabric では「Chaincode」として実装します。

2.1 Ethereum の Contract

Ethereum の Contract は、「Solidity」と呼ばれる、JavaScript によく似た構文を持つチューリング完全な言語で実装します。Contract はオブジェクト指向のクラスに当たり、Contract の中に状態を保持するための変数と、処理を実行するメソッドを実装します。簡単な実装例を次に示します。

```
pragma solidity ^0.4.11;

contract SimpleStorage {
    uint storedData;

    function set(uint x) {
        storedData = x;
    }

    function get() constant returns (uint) {
        return storedData;
    }
}
```

SimpleStorage は、変数 storedData をデータ領域として定義した Contract です。set を呼び出すと storedData に値を設定し、get で storedData の値を取得します。

2.2 Hyperledger Fabric の Chaincode

Hyperledger Fabric の Chaincode は、Java、Go 言語または Node.js で実装します。Chaincode での SimpleSotrage の実装例を次に示します。

```
package main
```

```
import (
  "github.com/hyperledger/fabric/core/Chaincode/shim"
  "github.com/hyperledger/fabric/protos/peer"
)

type SimpleStorage struct {
}

func (t * SimpleStorage) Init(stub shim.ChaincodeStubInterface) peer.Response {
  args := stub.GetStringArgs()
  stub.PutState(args[0], []byte(args[1]))
  return shim.Success(nil)
}

func (t * SimpleStorage) Invoke(stub shim.ChaincodeStubInterface) peer.Response {
  fn, args := stub.GetFunctionAndParameters()
  var result string
  if fn == "set" {
    result = set(stub, args)
  } else {
    result = get(stub, args)
  }
  return shim.Success([]byte(result))
}

func set(stub shim.ChaincodeStubInterface, args []string) string {
  stub.PutState(args[0], []byte(args[1]))
  return args[1], nil
}

func get(stub shim.ChaincodeStubInterface, args []string) string {
  value := stub.GetState(args[0])
  return string(value), nil
}

func main() {
  shim.Start(new(SimpleStorage))
}
```

Chaincodeを実装するには、以下のfunctionを定義します。

1. main function

Chaincodeの初期化時にChaincodeを起動する処理を実装します。例では、Chaincode起動時の引数として、Init functionとInvoke functionのレシーバに指定するSimpleStorage構造体と同じものを指定しています。

2. Init function

Chaincodeの初期化時に、main functionの実行後に呼び出される処理を実装します。定義として、レシーバにmain functionの起動時に指定したSimpleStorage構造体、引数にshim.ChaincodeStubInterface、戻り値にpeer.Responseを指定します。例では、初期化時に引数として与えた値をshim.ChaincodeStubInterfaceを使用してブロックチェーンの状態管理領域に登録しています。

3. Invoke function

Chaincodeに実装したユーザ定義functionの呼び出し処理を実装します。定義として、レシーバにmain functionの起動時に指定したSimpleStorage構造体、引数にshim.ChaincodeStubInterface、戻り値にpeer.Responseを指定します。独自に実装したユーザ定義functionの呼び出しには、Invokeを経由して実行するため、Invokeにユーザ定義functionの呼び出し処理を実装します。例では、引数として与えた値を基に、呼び出すユーザ定義functionを決定しています。

4. ユーザ定義function

独自のfunctionを定義し、任意の処理を実装します。ユーザ定義functionはinvoke functionを経由して呼び出されます。例ではset functionがブロックチェーンの状態管理領域にデータを登録し、get functionが状態管理領域からデータを取得しています。

ブロックチェーン基盤技術ごとにスマートコントラクトの実装言語が異なりますが、EthereumとHyperledger Fabricではチューリング完全な言語を使用することができ、自由度の高いプログラミングが可能です。

3　スマートコントラクトの管理と実行

　スマートコントラクト（プログラム）をブロックチェーン上で管理し、実行するとは、どういうことでしょうか。ブロックチェーン基盤技術ごとに管理・実行の方法が異なります。まずはEthereumでの方法を確認し、Hyperledger Fabricではそれがどのように異なっているのかを見ていきましょう。

3.1　Ethereumでのスマートコントラクトの「登録」

　これまでの説明では、ブロックに記録されるデータはトランザクションでした。送金の場合にはトランザクションに送金元と送金先、及び送金額が指定され、Bitcoinでは、送金先が金額を受け取る（使用する）ための条件も指定されていました。スマートコントラクトの場合も、送金と同様にプログラムを指定したトランザクションをブロックに記録して管理します。

　ブロックチェーンに記録されるスマートコントラクトのトランザクションは、「登録」と「実行」の2種類です。そのうち「登録」は、スマートコントラクトのプログラムをブロックチェーンに記録するトランザクションです。ブロックチェーンに記録することで、複数の参加者にプログラムを公開し、実行要求を受け付けることができます。

　それでは、太郎さんがプログラムを公開する場合の動作を見ていきましょう。

　まず、太郎さんは、スマートコントラクトを登録するトランザクションを発行します。

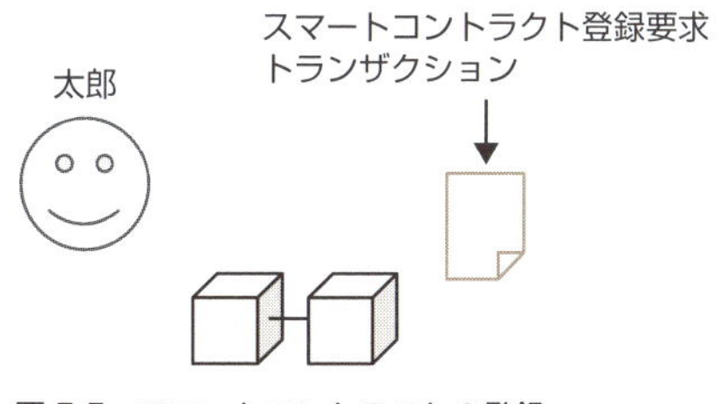

図 5.5　スマートコントラクトの登録

　スマートコントラクトを登録するトランザクションは、ブロックの作成によって記録されます。ブロックに記録されたスマートコントラクトは、ブロックの「伝播」によってほかの参加者に送られるため、花子さんがブロックを受け取れば、スマートコントラクトを受け取ったことになります。

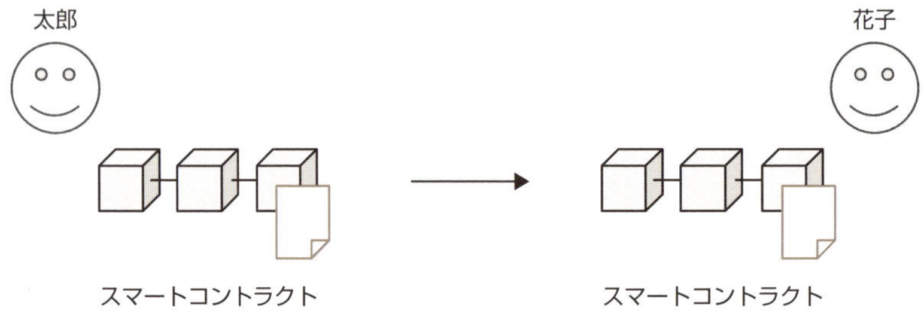

図 5.6　スマートコントラクトの伝播

3.2　Ethereumでのスマートコントラクトの「実行」

一方、「実行」は、ブロックチェーン上でプログラムを実行するトランザクションです。プログラムには独自に変数を定義することができ、変数の管理はプログラム単位で行われます。プログラムには変数を操作する処理を実装することができ、その操作の結果は、ほかの参加者にも伝えられます。この伝達はブロックの伝播によって実現しています。プログラムの実行結果はブロックチェーンに記録されます。その後、ブロックが伝播するとプログラムの実行結果が同期され、ほかの参加者に伝わります。

花子さんが実行要求したプログラムの結果が、次郎さんに伝わるまでを見ていきましょう。

まず、花子さんが、プログラムを実行するトランザクションを発行します。プログラムを含むブロックを保有している参加者であれば誰でも、プログラムのアドレスさえ知っていれば実行することができます。今回の場合は、太郎さんが登録したプログラムのアドレスを、花子さんが知っているということです。

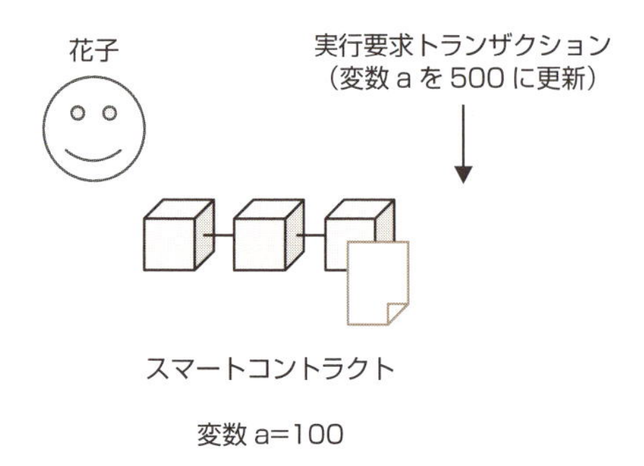

図 5.7　スマートコントラクトの実行要求

実行要求トランザクションは、ブロックの作成によって記録されます。トランザクションがブロックに記録されるタイミングでプログラムが実行され、変数の値が更新されます。ブロックの作成者が花子さんだった場合には、花子さんのブロックチェーンのデータが更新されます。

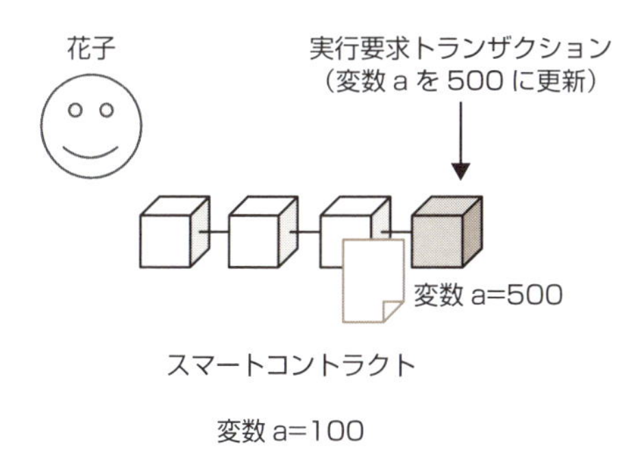

図 5.8 スマートコントラクトの実行

次郎さんのブロックチェーンのデータは、花子さんが作成したブロックを受け取ったタイミングで更新されるため、その時点で花子さんが実行要求したプログラムの結果を知ることができます。

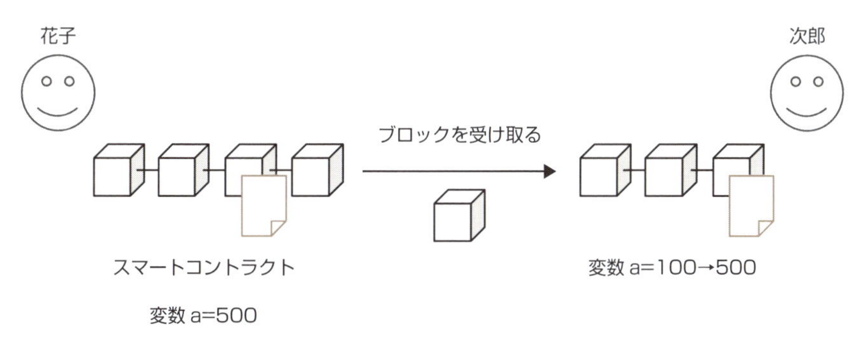

図 5.9 スマートコントラクト実行結果の伝播

3.3 Hyperledger Fabric の場合

ここまでの説明が Ethereum でのスマートコントラクトの管理と実行です。では、Hyperledger Fabric ではどうでしょうか。Ethereum との違いは、Hyperledger Fabric が許可型であるということです。そのため、ネットワーク参加者に対して役割を与えることができ、スマートコントラクトの管理と実行についても、特定の参加者に役割として与えます。したがって、参加者全員でスマートコントラクトのプログラムを共有する必要がなく、ブロックチェーン上で管理する必要もありません。

Hyperledger Fabricでは、スマートコントラクトのプログラムが特定の参加者の環境にだけ配布されます。スマートコントラクトを実行するトランザクションは、プログラムを管理する参加者によって実行され、実行結果はEthereumと同様にブロックの伝播によってほかの参加者に共有されます。

本書の「付録」には、EthereumとHyperledger Fabricのそれぞれについて、スマートコントラクトの登録から実行までの具体的な手順を記載しました。実際の動作を確認したい方は、そちらを参照してください。

4　スマートコントラクトの特徴と制約

スマートコントラクトのプログラムはブロックチェーンで管理されるため、プログラム自体が改ざんされることはありません。また、ブロックチェーン上で条件処理からデータ操作までの一連の流れを全て実行することは、「条件処理とデータ操作の間に無関係な処理が挟み込まれていない」ことを保証します。ですから、これにより、条件処理を伴わずに直接データを操作するような不正な処理要求を受け付けてしまうといった、予期しない処理要求が実行されるリスクを排除できることに特徴があります。さらに、ブロックチェーン上のネットワークを使って、参加者の一人が作成したプログラムをほかの参加者に配布することもできます。

スマートコントラクトの特徴は、次の３つに集約できます。

- プログラムは改ざんされない
- 条件処理からデータ操作までの一連の処理実行が可能（データ操作のルールを強制）
- ネットワーク参加者でプログラムの共有が可能（当事者間での直接契約履行）

このように、スマートコントラクトには様々な特徴があり、ブロックチェーンの適用の幅を広げることは確実ですが、いくつかの制約があります。そのような制約が設けられている理由は、これまでに説明してきたブロックチェーンの特性から理解できます。

4.1　ランダム変数や外部呼出しは不可

トランザクションデータやブロックは、ブロックチェーンのネットワーク上を伝播します。ブロックを受け取った参加者は、自身のブロックチェーンに記録します。このとき参加者は、受け取ったブロックをただ単に記録するのではなく、「ブロックに含まれるトランザクションデータが正しいかどうかを検証する」と説明しました。それでは、スマートコントラクトの実行要求の場合はどうでしょうか。

スマートコントラクトが操作したデータは、スマートコントラクトのアドレスに割り当てられた領域に記録されます。そのデータの証明がブロックチェーンに記録されます。ブロックチェーンに記録されるのですから、参加者は受け取ったブロックに記録されているデータが正しいかどうかを、検証しなければならないはずです。そうしなければ、不正なデータが記録されてしまい、ブロックチェーンのデータに矛盾が生じてしまいます。

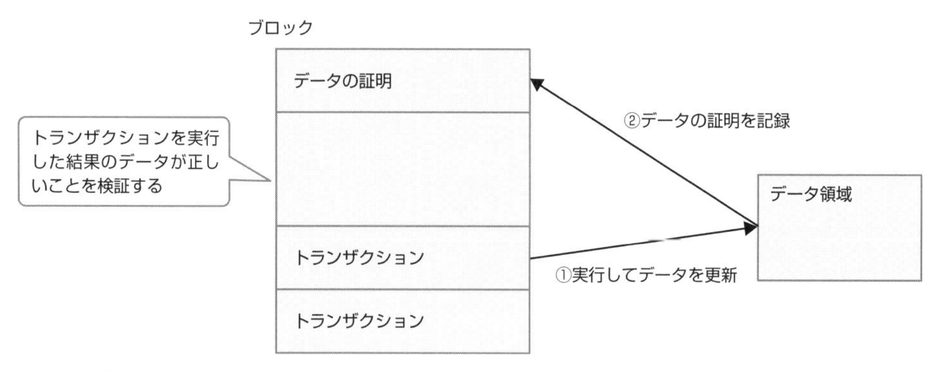

図 5.10　ブロックにおけるデータの証明の仕組み

この「スマートコントラクトの実行要求の結果を検証する」とは、「スマートコントラクトのインプットが決まれば、必ず同じアウトプットでなければならない」ことを意味します。つまり、実行要求トランザクションと実行時のブロックチェーンの状態（データ領域の値）が決まれば、実行後のブロックチェーンの状態は必ず同一にならなければなりません。そのため、スマートコントラクトのプログラム内では、ランダム変数を使用できず、外部システムの呼び出しも基本的には認められていません[注3]。毎回異なる値を返すランダム変数を使って実行した結果でデータ領域に値を記録した場合、検証者は何が正しい値かを判定できず、ブロックに記録されたデータの正当性を検証できないからです。ランダム変数には現在時刻なども含まれます。

外部システムを呼び出すことができない理由も、ランダム変数と同様に、外部システムの実行結果として毎回同じ値を得ることが保証されないからです。仮に、外部システムが同じインプットに対して同じアウトプットを返す仕様だとしても、ブロックチェーン外に存在するシステムの仕様を、ブロックチェーン内の参加者が保証することはできないため、やはりスマートコントラクト内で扱うことはできません。

もし、ランダム変数を使いたい場合には、スマートコントラクトのプログラム内で使うのではなく、ランダム変数の値をスマートコントラクトへのインプットとして与えます。外部システムについても同様で、ブロックチェーン外で外部システムを呼び出し、結果をスマートコントラクトのインプットとして与えます。

注3　oraclize<http://www.oraclize.it/>のようにスマートコントラクトから外部システムを呼び出す仕組みも存在しますが、ブロックに記録されるデータは参加者の合意であることがシステムの信頼性につながり、結果に不確実性を組み込むことは望ましくありません。

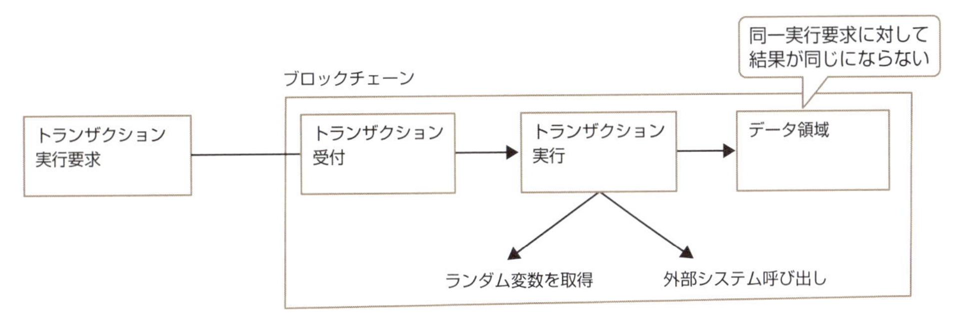

図 5.11　スマートコントラクトで実装できないランダム変数を扱った設計

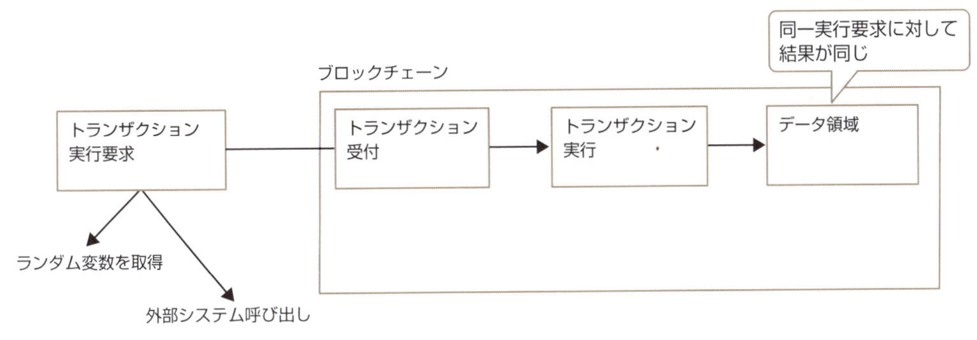

図 5.12　スマートコントラクトで実装できるランダム変数を扱った設計

4.2　自動実行を組み込めない

また、スマートコントラクトには、自動実行処理を組み込むこともできません。

例えば、太郎さんの残高が0円になったときに、自動的に花子さんから太郎さんに1000円を送金する等です。スマートコントラクトが太郎さんの残高を監視し続けて、太郎さんの残高が0円になったことをトリガーにして、花子さんから太郎さんに1000円を送金するという処理を実装することはできません。これを実現しようとすると、ブロックチェーンの外から定期的にトランザクションを発行し、太郎さんの残高が0円であれば花子さんから太郎さんに1000円を送金する処理を実装する、または、入出金のような残高を操作する処理の後続に、太郎さんの残高が0円になった場合に花子さんから送金する処理を実装する必要があります。つまり、スマートコントラクトは自発的に実行することができません。そのため、スマートコントラクトの実行にはブロックチェーン外からの実行要求（トランザクション要求）が必要です。

4.3　まとめ

スマートコントラクトによって、ブロックチェーンはトランザクションを記録する台帳から、プログラムの実行基盤へと発展しました。これは、契約の管理・実行の役割が、ブロックチェーンの外から中へと移ることを意味します。ブロックチェーンが自律的に契約の管理と実行を行うことで、契約業務の効率化が図れることに特徴があります。

スマートコントラクトの実装には、ブロックチェーンの仕組みから次のような制約が課せられます。

- ランダム変数を使用できない
- 外部システムの呼び出しができない
- 自動実行ができない

ただし、これらの制約は現段階のものであり、今後、ブロックチェーン基盤技術の発展によって、制約ではなくなる可能性があります。また現状においても、ブロックチェーンの外側での対応によって、解消することが可能です。まずは、ブロックチェーン上ではどのような制約があるかをブロックチェーンの仕組みと共に理解することが重要となります。外側でどのような対応が可能かの検討については、第Ⅱ部「ブロックチェーンの設計」で説明します。

Column　ブロックチェーンはランダム変数を扱えない？

ブロックチェーンの仕組みを確認すると、スマートコントラクトの制約を理解することができます。そして、パブリック型とコンソーシアム／プライベート型では、その仕組みを支える前提が異なります。

「スマートコントラクトはランダム変数を使用できない」という制約について考えてみましょう。パブリック型のブロックチェーンでは、不特定の参加者がスマートコントラクトの実行結果を検証する必要があり、そのために、同じ条件の下での実行結果は毎回同じでなければなりません。しかし、コンソーシアム／プライベート型のブロックチェーンでは、ブロックの作成権限を持つ一人または複数の特定の参加者だけがスマートコントラクトを実行します。その実行結果を全員が検証するのではなく、特定の参加者が実行した結果を信頼するアーキテクチャです。スマートコントラクトの実行結果がランダム変数によって一意に決定できない場合でも、ブロックチェーンに記録する実行結果について特定の参加者で合意ができれば、その実行結果を正しい記録として参加者で共有することができるため、今後のブロックチェーン基盤技術の発展によっては、「ランダム変数を使用できない」という制約は解除されるかもしれません。

第6章

ユースケース

前章では、スマートコントラクトとは何か、スマートコントラクトはブロックチェーン上でどのように動くのかを見てきました。本章では、実際に始まっているサービスや実証実験の事例を元に、スマートコントラクトがどのようにブロックチェーンに組み込まれているのかについて確認していきます。ただし、各事例の手順やデータ項目等は、説明のために加工してあり、実際とは異なります。

1　クラウドセール

最初に説明するのはクラウドセールの事例です。

従来、金融機関や投資家から資金調達をする際には、詳細な事業計画書を提出し、厳しい審査を受けるため、多くの時間と煩雑な手続きが必要でした。そのことが、スタートアップ企業などにとっては大きな障壁でした。この障壁を取り除くために、第三者機関を介さない個人間の資金調達を可能にしたのが、「クラウドセール」です。

クラウドセールの仕組みは、Ethereum.org[注1]によって公開され、詳しく説明されています。クラウドファンディングで資金調達をする際の報酬管理をブロックチェーンで行うことによって、報酬の権利譲渡や売買などの取引の追跡が容易になります。また、管理コストの削減も可能です。なお、調達する資金には、Ethereumの仮想通貨であるEtherを使用します。

1.1　個人間資金調達の手順

クラウドセールが実現するブロックチェーンの取引手順は、次のとおりです。

1. 太郎さんが資金調達にクラウドセールを利用する場合、希望調達金額、調達期限、報酬の権利としてのトークン価格を定義した資金調達案件をブロックチェーンに登録します。

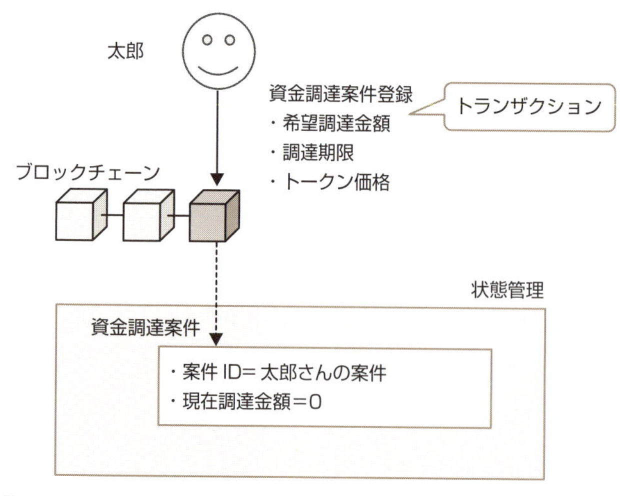

図6.1　資金調達案件の登録

注1　Ethereum Foundationが運営するWebサイト
<https://www.ethereum.org/crowdsale>

2. 花子さんは、太郎さんの登録した資金調達案件に対して資金提供をする場合、提供する金額を指定します。指定された金額は資金調達案件にプールされ、金額に応じたトークンが花子さんに送付されます。

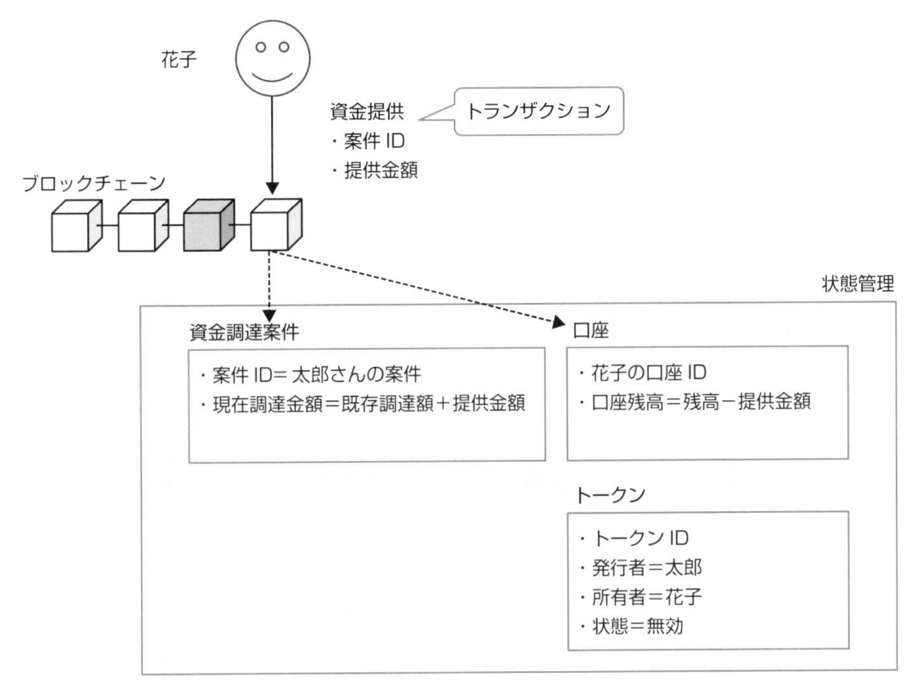

図 6.2 資金提供

花子さんからの資金提供のトランザクション要求の送信がトリガーとなって、花子さんから太郎さんの資金調達案件に Ether が移動します。それと同時に、花子さんに報酬の権利としてのトークンが送付されます。この取引を実現しているのがスマートコントラクトです。

3. 調達期限が到来すると募集が締め切られ、希望調達金額に到達している場合には、太郎さんに資金が移動し、花子さん（やその他の資金提供者）に送付したトークンが有効化されます。到達していない場合は花子さん（やその他の資金提供者）に資金が戻され、送付したトークンは無効化されます（トークンはそのまま保有しますが、トークンは価値を持ちません）。

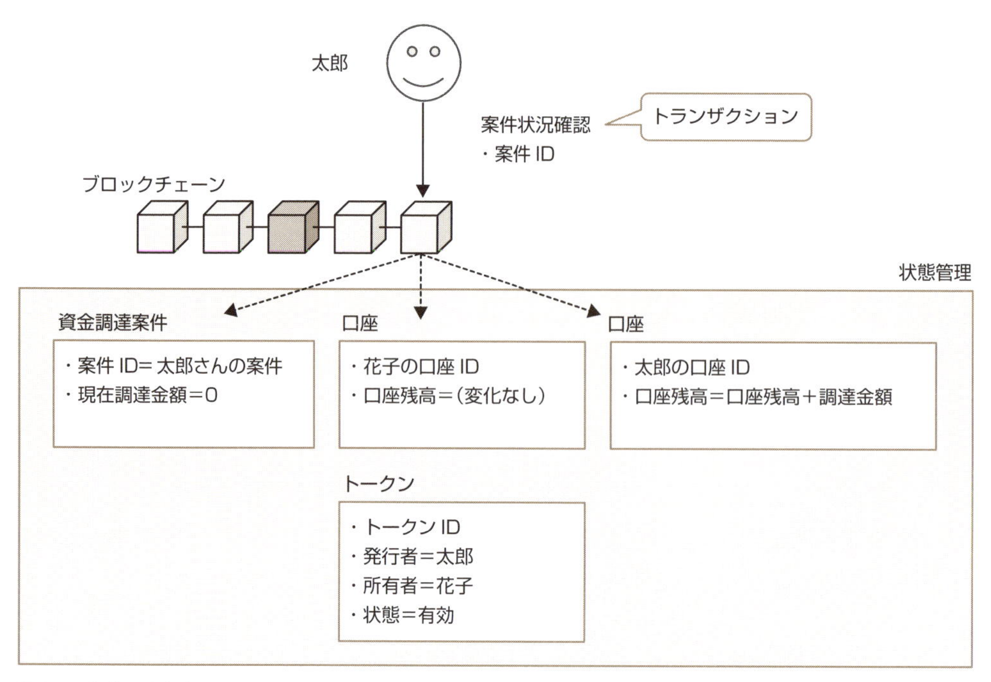

図 6.3　資金調達案件の成立

1.2　ブロックチェーンゆえのメリット

資金調達案件が成立した場合、ブロックチェーンには、花子さんがトークンを所有していることが記録され、そのトークンには、太郎さんから報酬を受け取る権利を持っていることが記録された状態となります。これは、その時点におけるトークンの所有者が花子さんであり、報酬の受取人はトークンを所有する花子さんであるということを意味しているに過ぎません。花子さんはトークンを自由に譲渡したり売買したりでき、トークンの所有者が変更されることで報酬の受取人も変わります。また、そのトークンはブロックチェーンで管理されるため、改ざんされて不正なトークンが偽造されることはありません。

仮にトークンを次郎さんに譲渡した場合、トークンの所有者が花子さんから次郎さんに移ると同時に、太郎さんから報酬を受け取る権利も次郎さんに移り、次郎さんは確実に太郎さんから報酬を受け取ることができます。このようなトークンの譲渡や売買の取引はブロックチェーン上の当事者間で直接取引が可能であり、発生する手数料や管理コストを削減できる可能性があります。

なお、クラウドセールのソースコードは公開されており、スマートコントラクトのプログラミング教材としても貴重です。

2 ダイヤモンド所有権管理

次は、Everledger 社のダイヤモンド所有権管理の事例です。

ダイヤモンドの産地には紛争地域が含まれ、そこで産出されるダイヤモンドが、武器購入の資金源となっていることが問題視されてきました。この問題に対処するため、国際的な証明制度である「キンバリー・プロセス証明制度[注2]」が採択されました。ダイヤモンドの輸出入は当該制度の参加国のみで行うことやダイヤモンドの証明書を添付することを義務付けることにより、紛争にかかわるダイヤモンドの取引を排除してきました。しかし、ダイヤモンドの取引履歴は紙の書類で管理されているため、紛失や改ざん、詐欺が行われる可能性があります。また、管理には膨大なコストもかかります。

Everledger 社のダイヤモンド所有権管理では、ダイヤモンドの取引履歴と所有権をブロックチェーンで管理し、取引の発生をトリガーにして資金と所有権を移動します。これにより、不正取引の可能性をさらに排除し、管理にかかるコストを削減することを目的としています。

2.1 所有権移転の手順

Everledger が実現する取引の手順は次のとおりです。

1. 太郎さんがダイヤモンドを購入すると、Everledger に申請してそのダイヤモンド固有の値をブロックチェーンに記録します。同時に、ダイヤモンドにかけた保険の契約情報はブロックチェーンに記録されます。このとき保険会社は、ブロックチェーンを参照して、そのダイヤモンドの所有者が確かに太郎さんであることを確認します。

注2 日本におけるダイヤモンドの輸出入管理について
http://www.meti.go.jp/policy/external_economy/trade_control/02_exandim/05_diamond/index.html

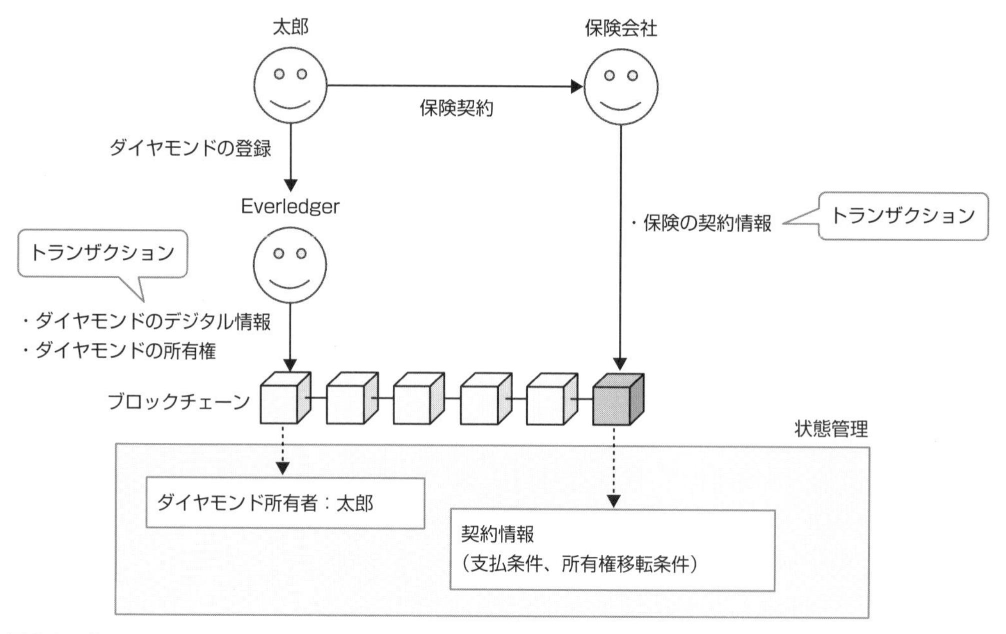

図 6.4　ダイヤモンドの登録

ダイヤモンド輸出入のキンバリー・プロセス証明を、このブロックチェーンで管理する証明に置き換えることができれば、証明書の発行や管理にかかるコストを削減できます。

2. もし、太郎さんがダイヤモンドを紛失した場合は、その旨を保険会社に申告します。保険会社はブロックチェーンに記録された保険契約に従い、太郎さんに保険金を支払い、同時にダイヤモンドの所有者を自社に変更します。

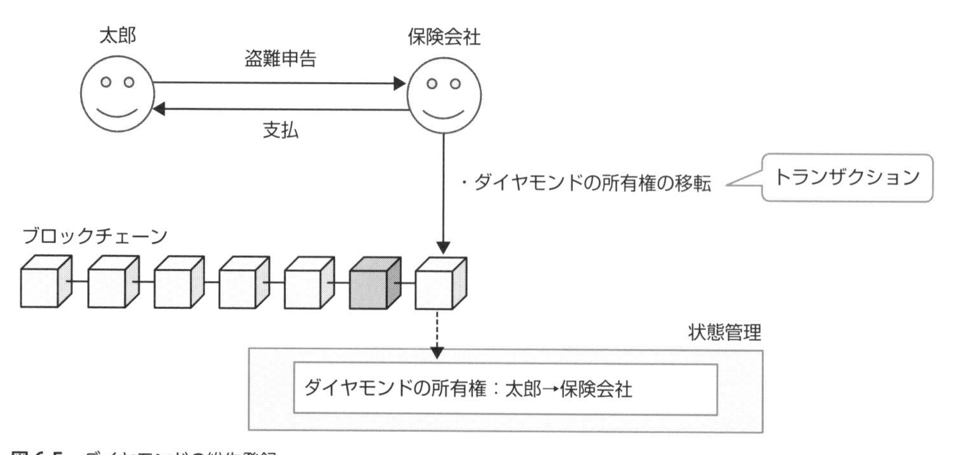

図 6.5　ダイヤモンドの紛失登録

保険金支払の申告をトリガーにして、保険金の支払とダイヤモンドの所有権の変更が同時に行われます。これを実現しているのがスマートコントラクトです。

3. 次に、太郎さんが紛失したダイヤモンドを次郎さんが不正に入手し、花子さんに売ろうとしたとします。花子さんはEverledgerにそのダイヤモンドの所有者を確認します。ブロックチェーンには、そのダイヤモンドは紛失したものであり、現在の所有者は保険会社であると記録されているため、不正が発覚し、ダイヤモンドの実物が保険会社に渡ります。

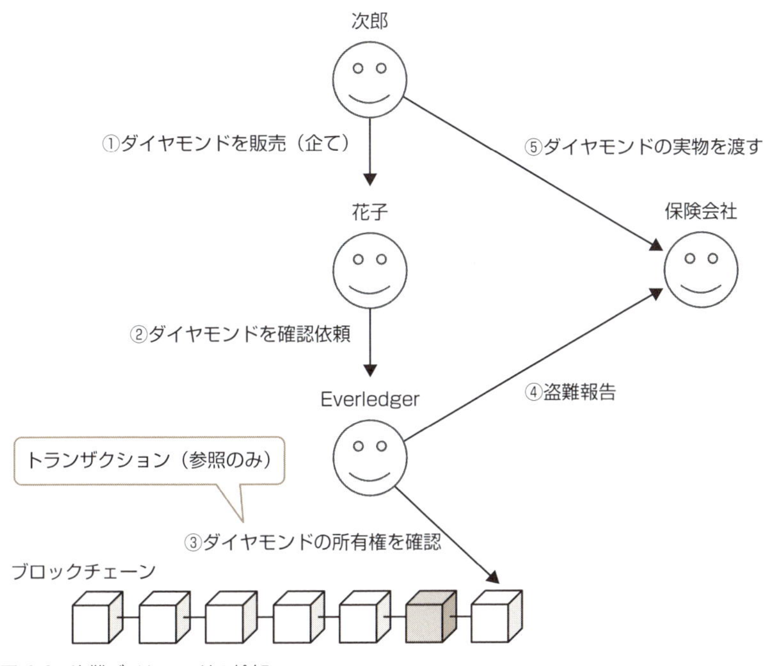

図 6.6 盗難ダイヤモンドの検知

2.2 ブロックチェーンゆえのメリット

ダイヤモンドの輸出入国や売買機関がEverledgerのような仕組みを利用すれば、ダイヤモンドの取引記録や所有者を確認でき、盗難や偽装ダイヤモンドの不正取引を排除できます。また、ブロックチェーンに記録された取引記録や所有者情報は改ざんが困難であるため、内部不正を含めて不正のリスクを軽減でき、データ管理にかかるコストも削減できる可能性があります。

3 個人間電力取引

3番目は、TransActive Grid 社がニューヨークのブルックリン地区で行った、マイクログリッド[注3]を使った電力の個人取引事例です。

従来、電力取引は、中央管理者である電力会社などが一括して行ってきました。しかし近年、電力会社に頼らない、地域内での電力の地産地消を目指すマイクログリッドの取組みが、世界各地で進められています。

TransActive Grid 社が行っている個人間電力取引は、太陽光パネル等で発電した再生可能エネルギーの余剰電力を持つ家庭と、電力を必要とする近隣家庭との間で行われます。仲介業者を通さずに、各家庭の間で直接、電力の売買取引を行う仕組みをスマートコントラクトで実現しています。

電力の供給網には既存のマイクログリッドを使用し、ブロックチェーンで電力取引を管理します。マイクログリッドへの電力供給のコントロールと、ブロックチェーンへの余剰電力の記録はスマートメーター[注4]が行います。スマートコントラクトによって余剰電力の取引が成立すると、マイクログリッドを通して買電側（需要家）に送電されます。スマートコントラクトにより個人間取引を実現できるので、従来発生していた仲介業者への手数料支払や管理コストを削減できる可能性があります。

3.1 余剰電力直接売買の手順

取引の手順は次のとおりです。

1. 太郎さんの家に設置されたスマートメーターは、余剰電力を売電するために、電力の使用権をトークン化してブロックチェーンに登録します。トークン化されたデジタル情報は「エナジークレジット」と呼ばれます。

注3　マイクログリッドとは、ある一定の需要地内で複数の自然変動電源や制御可能電源を組み合わせて制御し、電力・熱の安定供給を可能とする小規模な供給網のこと。（Japan Smart Community Alliance より引用。）
< https://www.smart-japan.org/reference/l3/Vcms3_00000130.html >

注4　スマートメーターとは、毎月の検針業務の自動化や HEMS（Home Energy Management System：住宅用エネルギー管理システム）等を通じた電気使用状況の見える化を可能にする電力量計。情報通信機能を持っています。

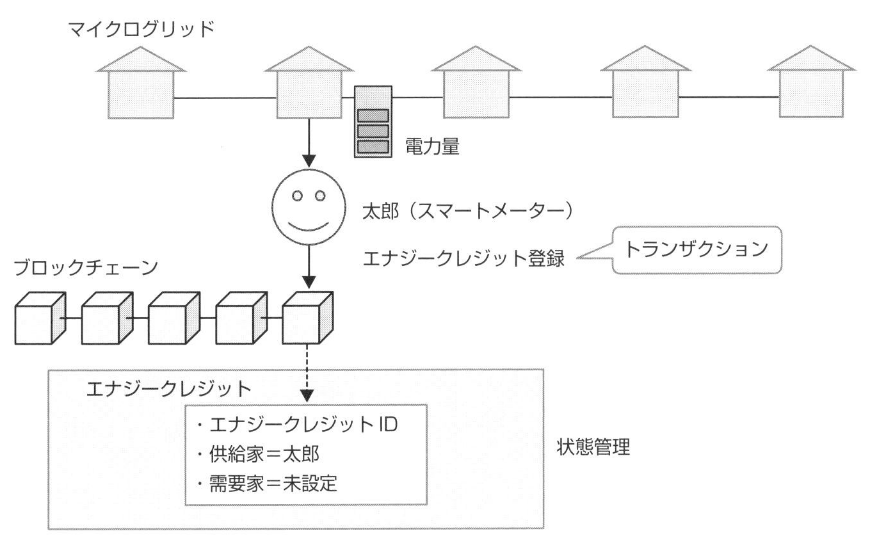

図 6.7　電力の登録

2. 花子さんが、太郎さんの余剰電力を購入する場合、太郎さんが登録したエナジークレジットを購入します。

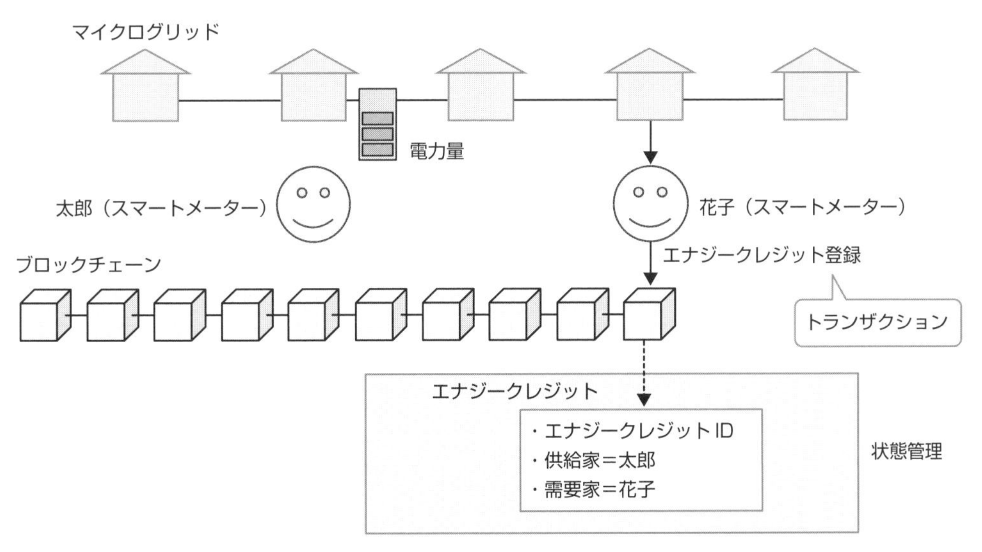

図 6.8　電力の購入

3. 花子さんはエナジークレジットを使用することで、電力供給を受けます。すると、使用したエナジークレジットは消滅状態になります。

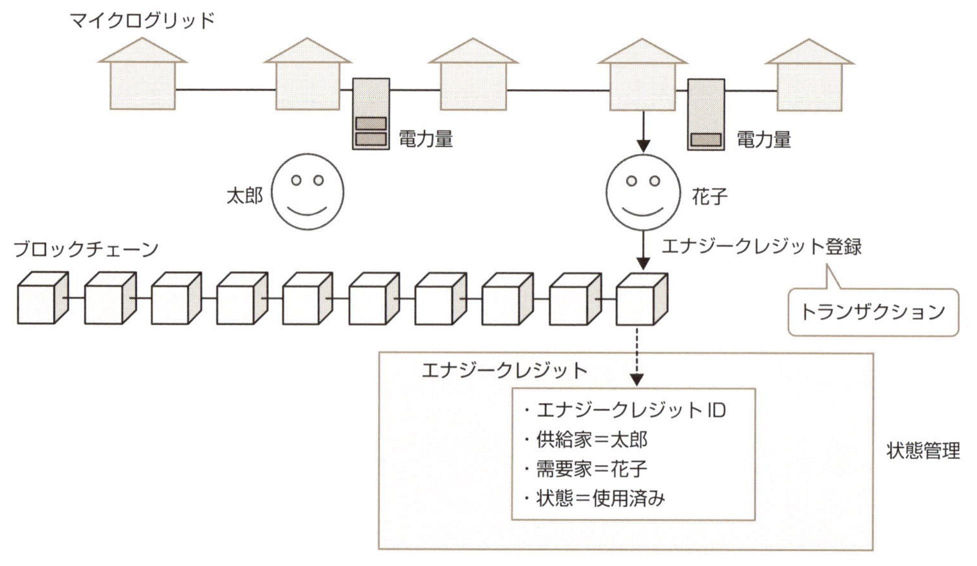

図 6.9　電力の使用

3.2　2 つのスマートコントラクト

この事例には、スマートコントラクトが 2 つ出てきます。1 つは、花子さんからのトランザクション要求を受けて、太郎さんの署名付きエナジークレジットの使用権が、花子さんへと自動で移動するところです。もう 1 つは、花子さんへの電力供給がなされると同時に、エナジークレジットが消滅状態になるところです。

3.3　ブロックチェーンゆえのメリット

花子さんが使用するエナジークレジットは、ブロックチェーンで管理されるため、太郎さんのスマートメーターから確かに登録されたものであり、太郎さんから送電される電力を受け取ることができる正当な権利であることが保証されます。もし、そのスマートメーターが、太陽光発電機などに備え付けられていた場合、エナジークレジットを、グリーン電力証明書[注5]のような環境付加価値

注 5　グリーン電力証明書とは、自然エネルギーにより発電された電気の環境付加価値を、証書発行事業者が第三者機関（グリーンエネルギー認証センター）の認証を得て発行する証明書です（日本自然エネルギー株式会社の説明より）。
http://www.natural-e.co.jp/green/about.html

の証明としても使用できる可能性があります。このような電力証明を付加した取引は、地球環境保護へ貢献したい利用者にとって、安心できる電力取引だといえます。

そして、花子さんは購入したエナジークレジット分の代金を支払い、太郎さんは販売したエナジークレジット分の代金を得ることが保証されます。つまり、エナジークレジットの偽造、エナジークレジットの虚偽の使用報告、使用済みのエナジークレジットの再利用といった不正な使用をブロックチェーンによって禁止でき、管理コストを削減することができます。

また、これまでは手数料の高さから取引することが難しかった少額の電力取引が、ブロックチェーンによって手数料を抑えることで、可能になると考えられます。地域内での取引量が増加すれば、取引当事者間の平均送電距離を短縮でき、その結果、送電コストを抑えた効率的な電力取引を実現できます。さらに、地域内の活発な取引が、地域経済の活性化にも寄与すると考えられます。

4　賃貸物件契約管理

最後に、不動産賃貸契約の事例を見ていきます。これまでの事例と異なり、今はまだ実際のサービスや実証実験に到っておらず、不動産業界で検討段階にあるユースケースを筆者の見解で紹介するものです。

4.1　3者の立場、煩雑な手続き

私たちがマンションなどを借りる場合、適当な物件を見つけたら不動産会社などの仲介業者の店舗を訪ね、物件の内覧を行います。気に入ったら手付金や預け金などを支払って、いったん物件を仮押えする人が多いと思います。もっと条件のよい物件を探すために、この行動を何度も繰り返す場合もあります。そして最終的に入居を決め、鍵を入手するまでには、様々な手続きが必要です。このような煩雑な手続きを、より早く、確実に行うために、スマートコントラクトを活用することが考えられます。

一方、物件のオーナーは通常、入居者の募集や物件の管理を仲介者に委託し、その手数料を仲介者に支払います。仲介者は常に物件の状態を管理し、退出予定があれば、空室期間を最短にすべく、入居者を募集します。しばしば、1つの物件に対して複数の仲介者が募集を行います。仲介者は物件の状態を正しく把握するために、多くの時間と労力をかけています。

スマートコントラクトを活用すれば、入居者の煩雑な手続きを軽減し、仲介者の事務を効率化します。さらには、オーナーと入居者との個人間取引が実現できそうです。

4.2　スマートロックを併用した取引手順

取引の手順は次のとおりです。ここでは個人間の賃貸借取引を例にとり、太郎さんを物件のオーナー（賃貸人）、花子さんを入居予定者（賃借人）とします。そして鍵の管理にスマートロック[注6]を活用した例を説明します。

1. 太郎さんは、物件の状態や手付金や敷金など、契約に至るまでの取引条件、賃料や契約期間などの契約条件を、スマートコントラクトとしてブロックチェーンに登録します。登録時の物件の状態は「空き」です。

注6　スマートロックとは、既存の錠をなんらかの手法により電気通信可能な状態とし、スマートフォン等の機器を用いて開閉・管理を行う機器及びシステムの総称のこと。https://ja.wikipedia.org/wiki/%E3%82%B9%E3%83%9E%E3%83%BC%E3%83%88%E3%83%AD%E3%83%83%E3%82%AF

花子さんがその物件の内覧を希望した場合、取引条件にある手付金を支払ってトークンを発行し、ブロックチェーンに登録します。トークンの登録と同時に物件の状態は「空き」から「仮押え」に変更され、物件の利用権が花子さんに与えられます。花子さんはトークンも所有することで、物件を利用する権利を得ます。スマートロックを利用して、物件の利用権を証明し、物件を内覧します。このとき、スマートロックがブロックチェーンにアクセスし、利用権（トークン所有の有無）を確認します。

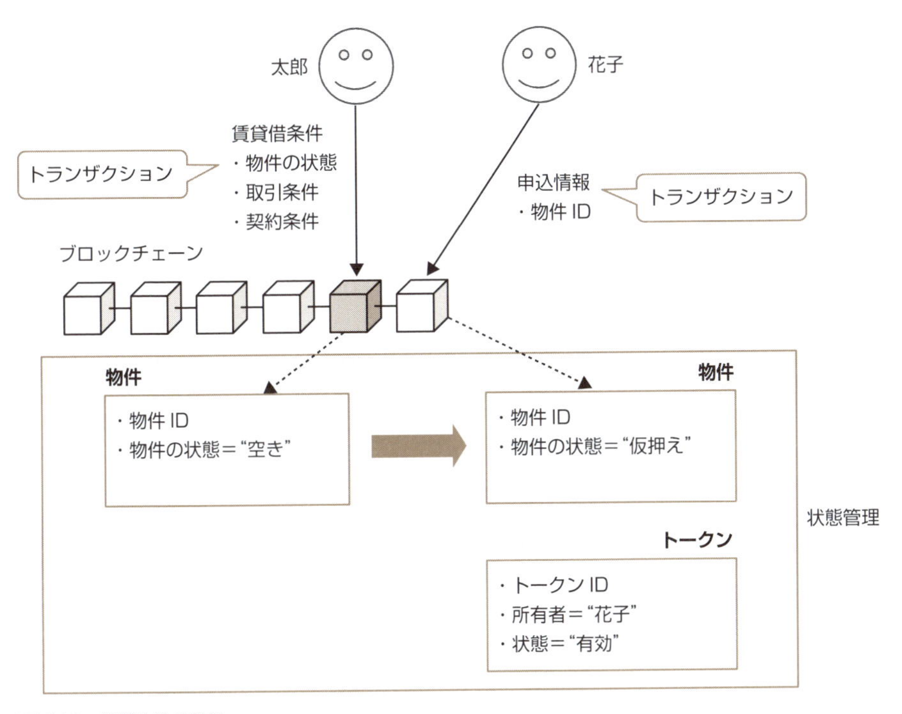

図 6.10　賃貸物件の登録

2. 内覧の結果、花子さんがその物件を気に入らなければ、花子さん本人がその旨をブロックチェーンに登録します。この登録により、先に発行したトークン（内覧時の利用権）を払い戻し、同時に物件の利用権が破棄されます。もし、その物件を花子さんが気に入れば、花子さんは取引条件に記載してある敷金や前払い賃料を支払い、トークン（本契約締結後の契約期間中における利用権）を受け取ります（トークンがブロックチェーンに登録されます）。このとき、トークンの所有権は花子さんであり、本契約が締結されるまでは無効の状態です。また、物件の状態は「仮押え」から「仮契約」へ変わります。この場合も内覧は完了しているため、内覧時に発行した物件の利用権（トークン）が破棄されます。このような、トークンの所有権、物件の契約状態、物件の利用権を同時に移動する処理はスマートコントラクトによって実現できます。

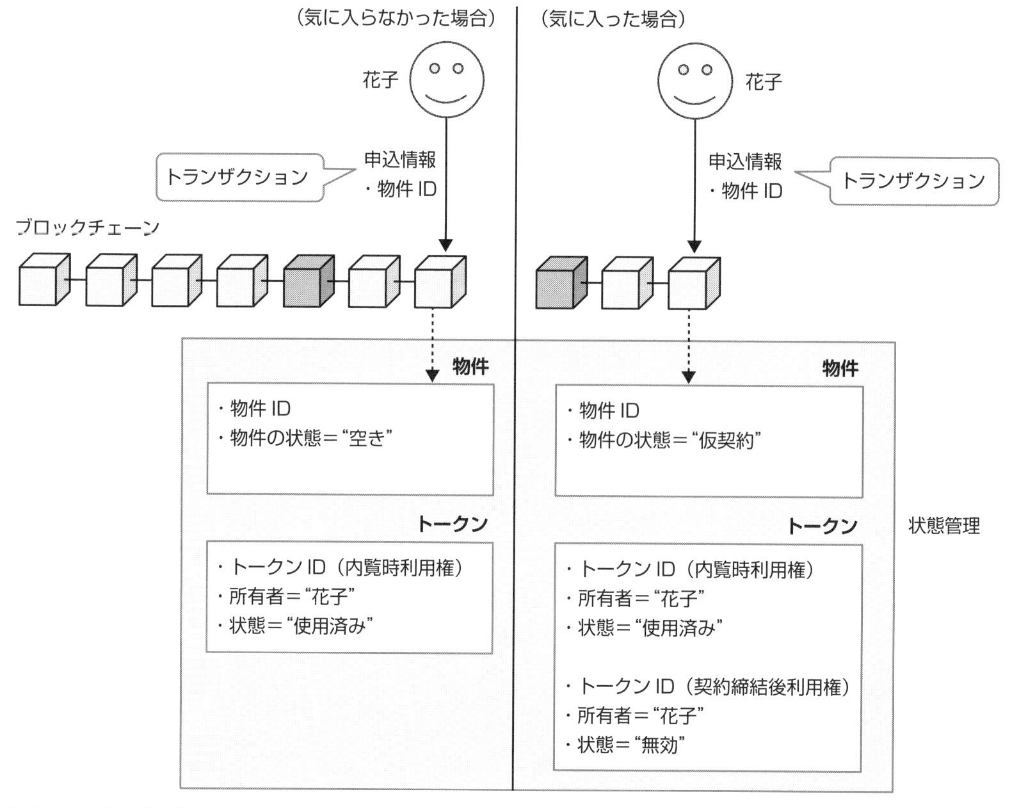

図 6.11　賃貸物件の仮登録

3. 賃貸契約に関する重要事項の説明がなされ、花子さんが了承したことを、太郎さんと花子さんの両者で確認することで、契約の締結へ進みます。スマートコントラクトでは、この両者の確認が行われたことを以って賃貸借契約の締結とみなし、敷金や前受け賃料などの支払い時に受け取ったトークンが有効となります。同時に、契約期間中の物件の利用権が花子さんに与えられます。

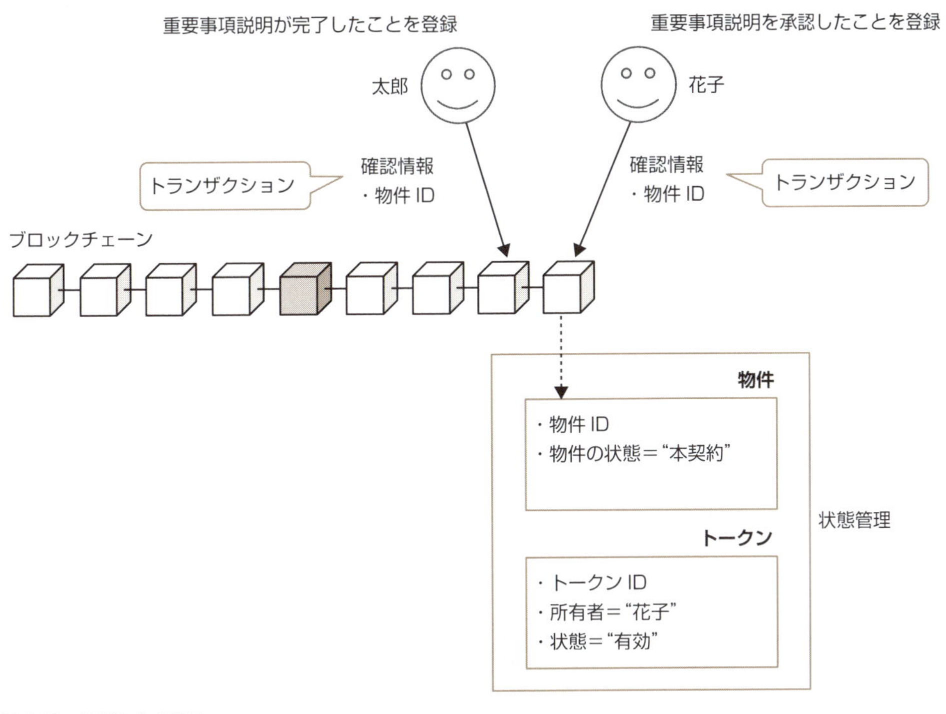

図 6.12 賃貸物件の契約

4.3 ブロックチェーンゆえのメリット

物件の利用権は、トークンの所有によって証明します。このトークンはブロックチェーンで管理することによって、そのトークンの発行者を特定でき、偽造がされていないことを保証できます。また、スマートコントラクトによってトークンの発行と連動させて自動で物件の状態を更新することで、契約にかかわる事務作業を効率化できる可能性があります。さらに、物件の状態は常に最新を保つため、多くの仲介業者や賃貸を希望する個人に正しい情報を提供できることにもメリットがあります。

ブロックチェーンに登録したトークンはスマートロックによって参照され、トークンの所有に従って物件を利用する権利が正しく判断されることは、仲介人を排除した個人間での賃貸契約を安全に行うために重要なことです。この仕組みは、今後の需要増大が見込まれている民泊などへの活用も期待できます。

第Ⅱ部

システム設計

ブロックチェーン設計の全体プロセスは、図7.1のとおりです。

最初のステップはブロックチェーンの仕組みを理解することです。ブロックチェーンの特性や動作、何を実現してくれるのかを理解することで、ブロックチェーンを適切にシステムに組み込むことができます。ブロックチェーンの仕組みは、既に第I部で説明しました。第II部では、ブロックチェーン・プラットフォームの選定、ネットワークの構成、システムの設計について説明します。

ここでは、説明に入る前に、改めてシステムの全体構成をイメージしておきましょう。図7.2のように、ブロックチェーンは構成要素の1つとしてほかと組み合わされ、全体を構成します。

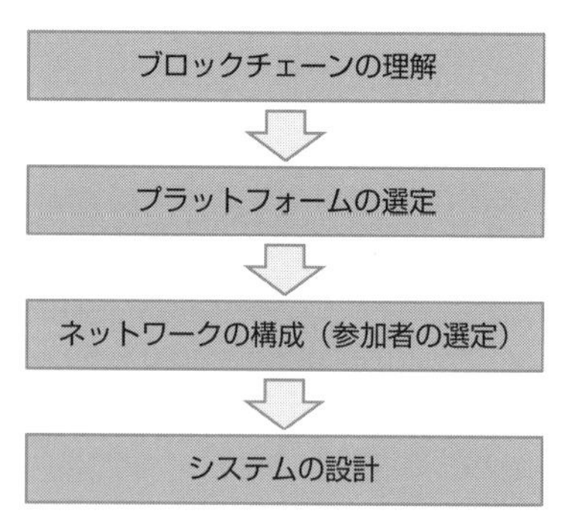

図 7.1　ブロックチェーン設計の全体プロセス

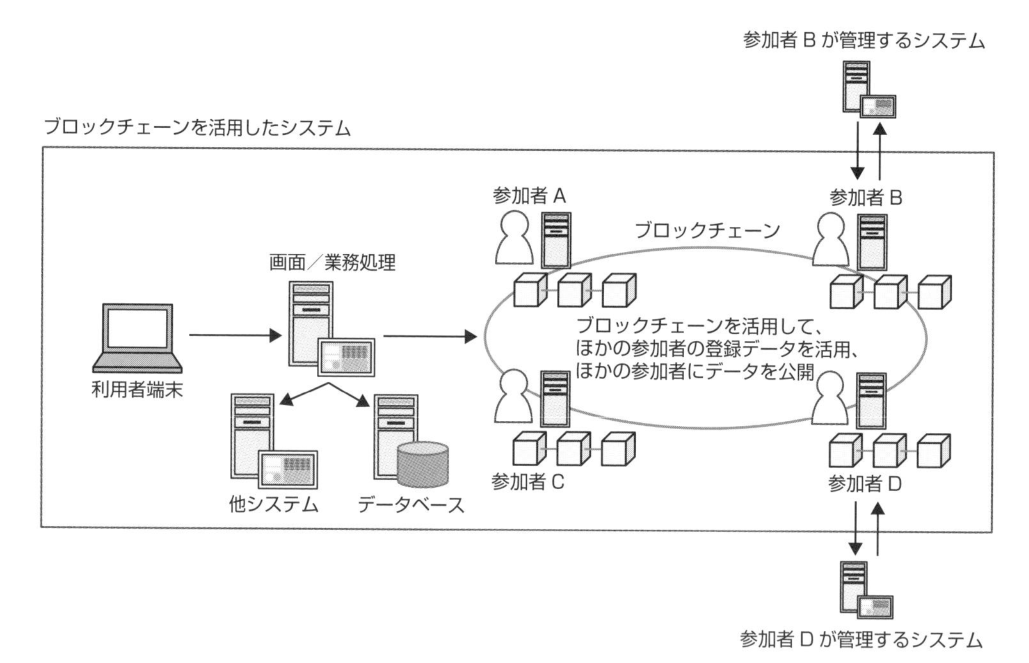

図 7.2　システム全体概要図

ブロックチェーンのネットワークは、参加者間の直接取引と、取引データの共有を可能にします。これにより、ビジネスの主体はこれまでの単独型から、複数の参加者で構成するコンソーシアム型に移っていきます。参加者同士のデータ共有が新たな価値の獲得につながるビジネスモデルにおいて、ブロックチェーンの活用が適しているといえます。

第7章

基本仕様の策定

本章では、システムアーキテクチャの概要設計（第８章）に入る手前のステップとして、ブロックチェーンシステム構築プロジェクトにおける、最も基礎的な要件を満たすための仕様定義を行います。すなわち、①ブロックチェーンで管理すべきデータの特定、②プラットフォームの選定、③ネットワーク構成の決定（参加者の選定）までを行います。

1　ブロックチェーンである意義の確認

「プラットフォームの選定」の段階では、ブロックチェーン基盤技術（以下、プラットフォーム）に何を採用するかだけでなく、そもそもブロックチェーンを利用することの価値を見極め、導入の可否を判断することが重要です。通常、システムの構成は要件の実現を目的にして決定します。ブロックチェーンもシステム構成要素の１つですから、要件を実現するためには、それが必要かどうかを検討します。

1.1　ブロックチェーン適用のメリット

ブロックチェーンの役割は、複数の参加者間におけるデータの分散管理です。参加者が互いにデータを送信しあい、共通のデータを保持するための仕組みとその管理形態が、データと参加者に次の利点をもたらします。

- 真正性がある（なりすましがなく、取引要求者に偽りがない）
- 改ざん耐性が高い
- 特定の管理者の仲介を必要としない参加者間での直接取引ができる
- 複数の参加者とデータを共有できる
- データ消失時の回復性が高い
- 過去の権利移転が全て記録され、取引が追跡できる（トレーサビリティ）

1.2　ブロックチェーンのデメリット

しかし一方で、ブロックチェーンの性能が難点となる場合があります。データを登録するために、トランザクション要求を受けて処理を実行した後、複数のトランザクションをまとめてブロックを作成します。そのブロックチェーンにつなげる処理を実行するため、処理工程が多くなります。しかも、１つのブロックに複数のトランザクションを含めるために、ほかのトランザクションの処理実行を待つこともあり、スループットが低下します。さらに、ブロックチェーンではしばしばKey-Value型のデータ管理が採用されますが、複雑な構造のデータを扱う場合には、リレーショナル型データベースが適しているかもしれません。

このように、全てのデータをブロックチェーンで管理すると、性能面で非機能要件を満たせないことや管理負荷が増大するなどといったデメリットがネックとなってしまいます。ブロックチェーンを活用したシステムの設計で最初に行うべき作業は、これらの特性を踏まえつつ、それでもなおブロックチェーンを活用すべきか、もう一度考えることです。

1.3　概念モデルでデータを仕訳・検証

データを管理する手段としてブロックチェーンを採用するかどうかを判断するには、従来のシステム開発と同様に概念データモデルを考えます。

まず、システム全体で扱うデータを抽出し、データ間の関係を整理します。データの関係が疎結合になるようにデータを分類した後、その分類ごとにブロックチェーンで管理すべきかどうかを検討します。言い換えると、データにブロックチェーンの特性を与えることによって、システム上の優位性を見い出すことができるかどうかということになります。明確なメリットが見つかったら、実際にシステムを設計して、そのメリットが本当に得られるかについて検証していきます。

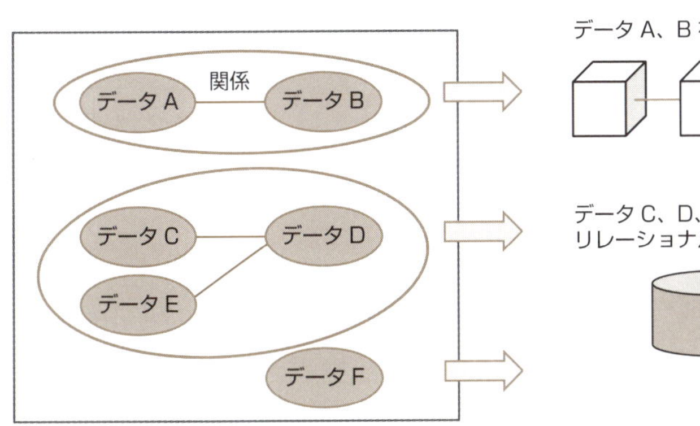

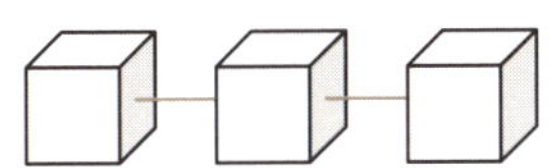

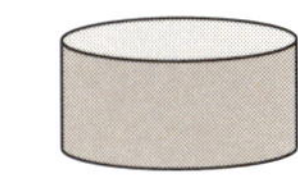

図7.3　ブロックチェーンが管理するデータの選定

2 プラットフォームの選定

ブロックチェーンで管理するデータの候補が決まったら、次に、ブロックチェーン基盤技術（プラットフォーム）を選定します。

第Ⅰ部で説明したように、プラットフォームにはパブリック型と、コンソーシアム／プライベート型があります。前者では不特定多数の参加者が構築済みのネットワークを使用するため、新たな管理者を立てる必要がありません。そのために、参加者自身が負担する構築や運用コストの削減が見込め、可用性が高いという特徴を持っています。後者では独自のネットワークを構築するため、構築や運用のコストがかかる代わりに、スループットとデータの秘匿性が高まります。システムの非機能要件を基に、どのプラットフォームを選定するかを検討します。

2.1 コンソーシアム／プライベート型を前提に

どちらの型にもそれぞれ適したユースケースがあり、今後も発展していくと予想されます。しかし、現時点で企業や組織がシステム全体を運用していくうえでは、コンソーシアム／プライベート型を採用するメリットが大きく、開発案件の多くを占める見込みです。したがって、この先は、コンソーシアム／プライベート型を中心に設計方法を説明することにします。

コンソーシアム／プライベート型の場合、システムの運用者全体が参加者となり、ネットワーク維持のために共通の責務を担います。データを登録するためのブロックの生成や、ブロックの保有など、ブロックチェーンの維持管理を参加者の責務とすることで、結果としてネットワーク管理のコストを参加者で分担することができます。また、ネットワークは信頼された参加者で構築できるので、安定的にネットワークを運用することができます。

2.2 パブリック型の基盤も利用可能

ネットワークの構築方法は２種類あります。１つは、コンソーシアム／プライベート型に特化して開発されたHyperledger Fabricなどを使用する方法です。もう１つは、パブリック型としても利用されているBitcoinやEthereumなどを使用する方法です。

コンソーシアム／プライベート型のプラットフォームでは、多くの場合、参加者ごとにネットワーク維持のための役割を分担します。参加者全員が同じ作業を担うのではなく、ブロックの生成処理やデータの保有などの作業に分解することによって、セキュアで効率的な運用を図ります。

パブリック型のBitcoinやEthereumを使用して、コンソーシアム／プライベート型を構築することもできます。これらのプラットフォームはOSS[注1]ですから、特定の参加者で構築する独自のネットワークに導入すればよいのです。

この場合、コンソーシアム／プライベート型の安定的なネットワーク運用ができます。また、参加者ごとの複雑な役割設定が不要で、運用コストを圧縮できます。さらに、パブリック型での利用実績があり、品質の安定も期待できます。

一方で、ブロックの生成処理やデータ保持などのアーキテクチャは、コンソーシアム／プライベート型に特化したHyperledger Fabricなどと比べると効率面で劣ります。参加者でのデータ共有を目的とし、ミリ秒単位での即時処理までは必要としないケースに適しています。

表 7.1 ブロックチェーンの分類ごとの特徴

	パブリック型	コンソーシアム／プライベート型（パブリック型ブロックチェーン基盤を利用）	コンソーシアム／プライベート型
セキュリティ（全般）	コンセンサスアルゴリズムにより、データの真正性を担保する	コンセンサスアルゴリズムにより、データの真正性を担保する	ネットワークの特定の管理者によってデータを記録することで真正性を担保する
セキュリティ（機密性）	データは参加者全員に公開される	データは参加者全員に公開される	特定の参加者のみでのデータ共有が可能
性能効率性	・コンセンサスアルゴリズムの処理量が多く、スループットが小さい ・最新データの一貫性は低い	・コンセンサスアルゴリズムの処理量を少なくすることで、スループットを向上できる ・最新データの一貫性は低い	・コンセンサスアルゴリズムの処理量は少なく、スループットが大きい ・最新データの一貫性がある
拡張性	ブロックサイズ、ブロック生成時間を調整するためには、ネットワーク全体での合意が必要であり、事実上不可能	ブロックサイズ、ブロック生成時間の調整により、スループットの向上が可能（ネットワーク全体での合意が可能）	
信頼性	ネットワーク参加者が多数であり、可用性、回復性が高い	ネットワーク参加者は少数であり、パブリック型に比べて可用性、回復性が低い	
保守・運用性	ハードフォークによるネットワークの分断リスクがあり、ネットワークを運用するコミュニティの決定に影響を受ける	・ネットワーク全体の合意を得やすく、プログラム修正などの対応が早期に可能 ・ネットワーク参加者が特定されるため、安定した稼働が可能	・ネットワーク全体の合意を得やすく、プログラム修正などの対応が早期に可能 ・ネットワーク参加者が特定されるため、安定した稼働が可能 ・ネットワーク参加者ごとの役割設定が複雑になる傾向がある

（続く）

注1 Open Source Softwareの略。Bitcoinの代表的なソフトウェアであるbitcoin core（https://github.com/bitcoin/bitcoin）、Ethereumの代表的なソフトウェアであるgo-ethereum（https://github.com/ethereum/go-ethereum）はいずれも、GitHubで公開されています。

表 7.1　ブロックチェーンの分類ごとの特徴　（続き）

	パブリック型	コンソーシアム／プライベート型（パブリック型ブロックチェーン基盤を利用）	コンソーシアム／プライベート型
コスト	多数の参加者とネットワークを構成するため、参加者ごとのネットワーク構築コスト、運用コストは低い	システムを運用する特定の参加者のみでネットワークを構成するため、ネットワーク構築コスト、運用コストが高い	システムを運用する特定の参加者のみでネットワークを構成し、ネットワークを構成する役割ごとに冗長化が必要であり、ネットワーク構築コスト、運用コストが高い

Column　パブリック型で際立つプラットフォーム選択の重要性

世界中に構築済みのパブリック型ブロックチェーンを利用する場合、システムを運用する側は、その他多数の参加者と同じ立場で参加します。

参加者はマイニングの報酬獲得などブロックチェーンに参加することに何かしらの価値を見出し、ネットワークを維持するためにコンピューターリソースを提供しているので、安定して稼働しています。そのブロックチェーンに価値がないと判断されたら、参加者が離脱し、ネットワークは維持されません。また、Bitcoin のように、プラットフォームの更新についてたびたび意見が分かれ、ネットワークが分裂してしまうと、その都度プラットフォームの選択を迫られます。

このように、パブリック型では、システム運用側で制御できない外部要因によるネットワーク停止の可能性も視野に入れておかなければなりません。業務システムへの適用には難しい面が残ることに注意してください。

パブリック型のメリットは、ネットワークの価値が維持できると見込まれた場合に多数の参加者があり、低コストでシステムを運用できることです。そのため、不特定多数の一般消費者に向けたサービス展開の基盤として、利用者同士の価値交換やデータ共有に適しています。

コンソーシアム／プライベート型の場合は、システム運用側がネットワークを管理し、管理コストを支払うことで、ネットワーク停止のリスクを排除することができます。これは、長期の安定稼働が求められる場合に適しています。

3 参加者の選定

3.1 データの管理者と利用者

コンソーシアム／プライベート型のブロックチェーンでは、「ネットワークの構成」を決定するために、ステークホルダーがどのようにシステムにかかわるかを検討します。ネットワークを構築するためには、ブロックチェーンを管理するいくつかの役割を担う参加者と、ブロックを生成する参加者を選定しなければなりません。

ブロックチェーンの特徴の1つは、データの管理主体が複数存在することです。データを分散管理するため、これまでのシステムのように一人の管理者だけがデータを管理するのではありません。複数の参加者がそれぞれにデータを管理し、ブロックを生成するために、自身のサーバーリソースを提供します。

もう1つの特徴は、システムの利用者がデータの管理者にもなりえるということです。つまり、管理者と利用者の境界が曖昧であるといえます。

3.2 4タイプの利用形態

システムの利用形態は図7.4、図7.5のように4つに分類できます。従来のシステムでは、利用者はシステム管理者と区別され、公開されるサービスを利用するのが一般的です。これと同様の形態として、①では、ブロックチェーンへは直接アクセスせず、公開されているサービスを経由してアクセスします。②では、利用者は直接アクセスの許可を持ってブロックチェーンへアクセスします。

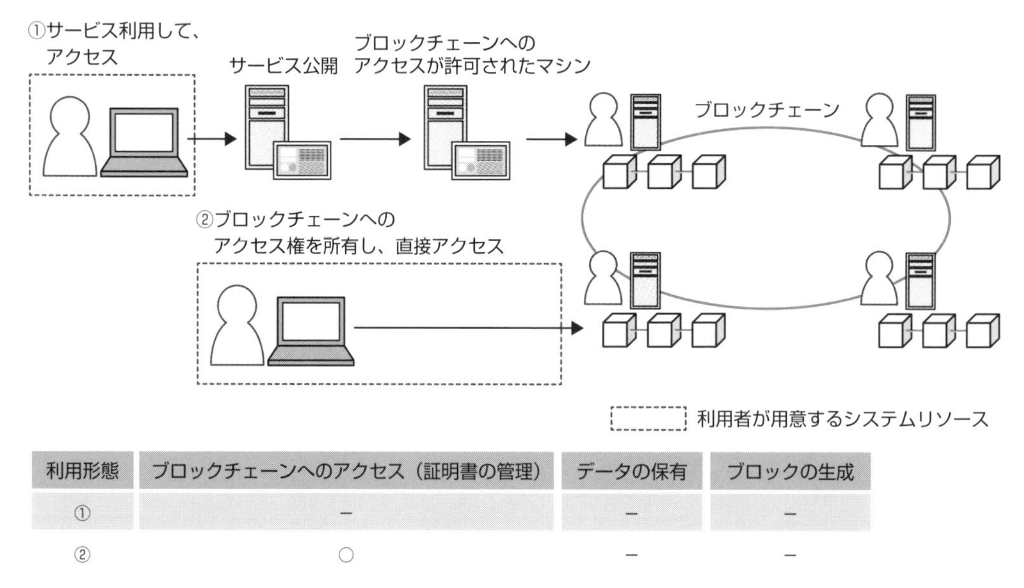

利用形態	ブロックチェーンへのアクセス（証明書の管理）	データの保有	ブロックの生成
①	－	－	－
②	○	－	－

図 7.4　システムの利用形態 (1)

ブロックチェーンでは複数の参加者が管理者となりネットワークを構築するため、システムの利用者がブロックチェーンの管理者として、③のようにデータを保有する、または、④のようにブロックを生成する役割を担うことも想定されます。

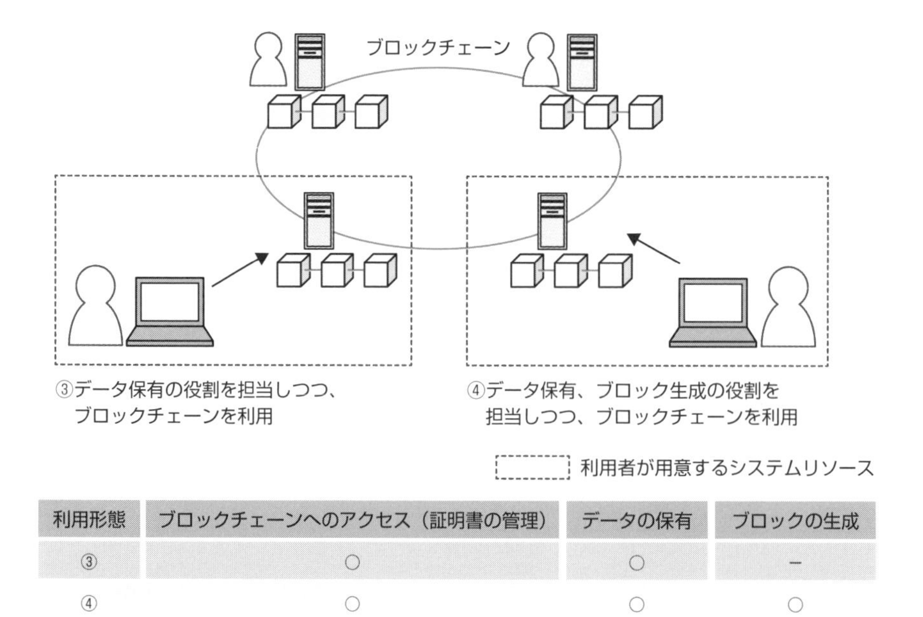

利用形態	ブロックチェーンへのアクセス（証明書の管理）	データの保有	ブロックの生成
③	○	○	－
④	○	○	○

図 7.5　システムの利用形態 (2)

利用者がデータの管理者として③または④の形態を選択するメリットの1つは、ネットワーク参加者に対して主体的に取引を行えることです。手元にデータを保有することで、ほかの参加者に影響を与えず、広範なデータに対して自由度の高い参照を行うことができ、ほかの参加者と取引する要求を直接発行することが可能になるなど、システムの機能面での恩恵が得られることです。また、システムの利用料を収益として、データの管理者に分配することなども考えられます。一方、利用者がこの形態を選択するためには、サーバーリソースをシステムに提供しなければなりません。

このようにブロックチェーンでは、利用側のステークホルダーがシステムの管理側にまで役割の範囲を広げることができます。従来とは異なり、ステークホルダー全体でシステムを管理できることがブロックチェーンの特徴です。したがって、ステークホルダーの利用形態を、享受するメリットと共に設計することが大切です。

第8章

概要設計

本章では、システムアーキテクチャにおけるブロックチェーンの配置と役割について確認します。ブロックチェーン基盤（プラットフォーム）が備える機能と、その上に独自に構築する機能の境界を明らかにし、システムアーキテクチャにおけるブロックチェーンが担う役割について解説します。また、ブロックチェーンを組み込む場合に考慮すべき点についても触れます。

1　システム全体の機能配置

ここまでで、システム構成の概要が見えてきたのではないでしょうか。図 8.1 のように、ブロックチェーンを活用することでシステムの構成要素が 1 つ増えます。ブロックチェーンではデータを管理し、スマートコントラクトの形で業務処理を実現するため、アプリケーションサーバー、データベース、ブロックチェーンの間で、何の機能をどの構成要素に配置するかを設計することが重要です。

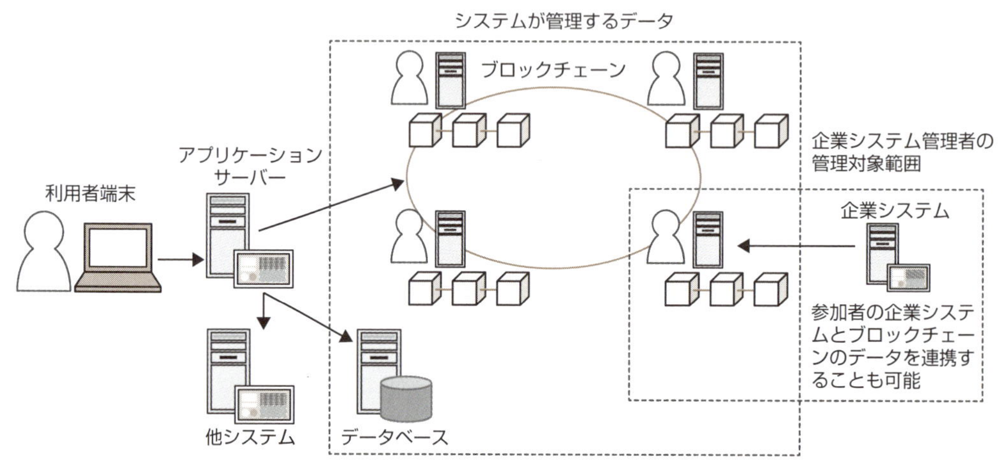

図 8.1　システム全体概要

1.1　システム全体で踏まえておくべき重要事項

ここまでのシステム全体概要について、ポイントをまとめておきましょう。

- ブロックチェーンは、システムが管理するデータと業務処理の一部を担う
- ブロックチェーンでは、ほかのデータと疎結合の関係にあるデータを管理する
- ブロックチェーンで管理されるデータは、ブロックチェーンの特徴によってメリットを享受しなければならない
- システムの利用者がブロックチェーンに参加するなど、ブロックチェーンのネットワーク構築では、ステークホルダー全員を対象に検討する

これらを意識しながら、ネットワーク構成（参加者とその役割分担）、及びデータと機能の配置が決まれば、さらに具体的な「システム設計」の作業に入ることができます。その作業を詳細化すると、次のように分かれます。

1. 運用保守ルールの策定
2. インフラ設計
3. アプリケーション設計

それぞれで留意すべき事項を説明します。

1.2　運用保守ルールとインフラ設計の留意点

運用保守ルールの策定は、参加者の役割決定に影響を与えます。これまでの中央集中型のシステムでは、システム管理者が運用保守を行いました。しかし、ブロックチェーンでは、運用保守の役割も複数の参加者で共有します。例えば、プラットフォームと関連ソフトウェアの選定、ネットワーク参加者の管理、スマートコントラクトの開発・配置・改修といった役割です。これらの役割について複数の参加者で合意し、全体の方針や分担を決定します。そのために、方針を決定するためのルールを事前に策定し、参加者間で合意しておくことが重要です。

インフラ設計においても、複数の参加者の存在を考慮しなければなりません。ネットワークは複数の参加者が所有するサーバーで構築します。そのため、各サーバーの手配や必要なソフトウェアの導入及び設定はそれぞれの参加者が担当し、サーバー間の通信網の構築は、参加者全員で調整して実施します。

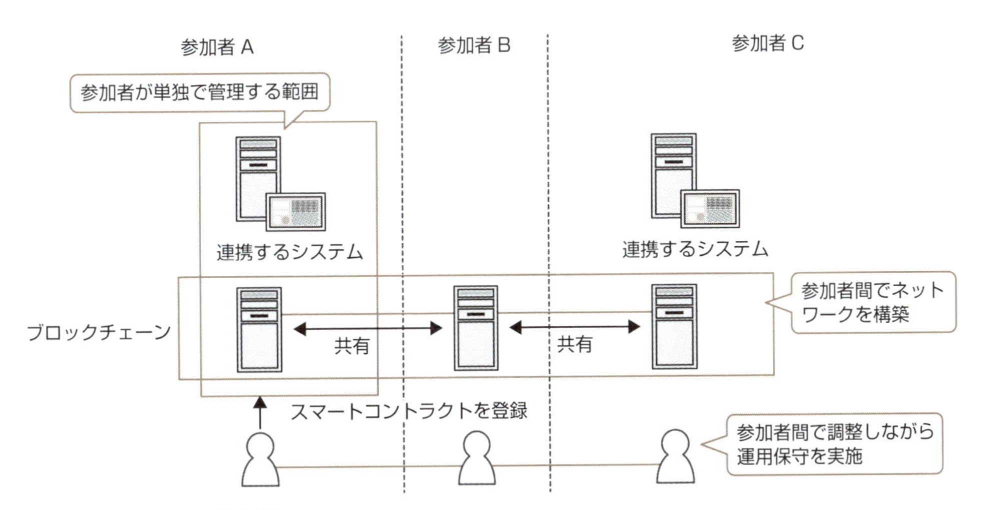

図 8.2　参加者の管理対象範囲

アプリケーション設計は、スマートコントラクトを含むアプリケーション全体を対象として実施します。

以降では、アプリケーション設計を詳細に進めるための考え方を説明します。

2 プラットフォームの役割

ブロックチェーンの参加者は、それぞれのサーバーリソースにブロックチェーン基盤（プラットフォーム）のソフトウェアを導入して、ブロックチェーンの環境を構築します。それをほかの参加者が構築したブロックチェーン環境と相互に通信することで、ネットワークを形成します。このネットワーク上で相互に通信するそれぞれのサーバーをノードと呼びます。プラットフォームのソフトウェアを導入したネットワークでは、次の機能が実現されます。

- ノード間のトランザクション共有
- トランザクションをまとめたブロックの作成と伝播
- ノード間のブロック共有

ブロックチェーンでは、複数のノードで発行したトランザクションをまとめてブロックを作成し、そのブロックを参加者が共有します。これらはプラットフォームが備えた機能で実現されるため、開発者がこれらの機能を実装する必要はありません。開発者はプラットフォームと連携し、トランザクションの発行と、共有データの参照を行うアプリケーションを設計することになります。

3　アプリケーションとデータの論理構成

ブロックチェーンを活用したシステムにおけるアプリケーション全体の構成要素を、クライアントサイドとサーバーサイドの要素に分解して整理します。

3.1　共有するものと個別に実装すべきもの

まず、従来の一般的なWebアプリケーションの構成（図8.3）を見てみましょう。利用者の操作はUI（ユーザインタフェース）が受け付けます。利用者が入力した項目の検証やビジネスロジックが読み取り可能な値への変換処理をプレゼンテーションロジックで行います。ビジネスロジックでは、データアクセスを経由してデータを操作し、業務処理を実現します。

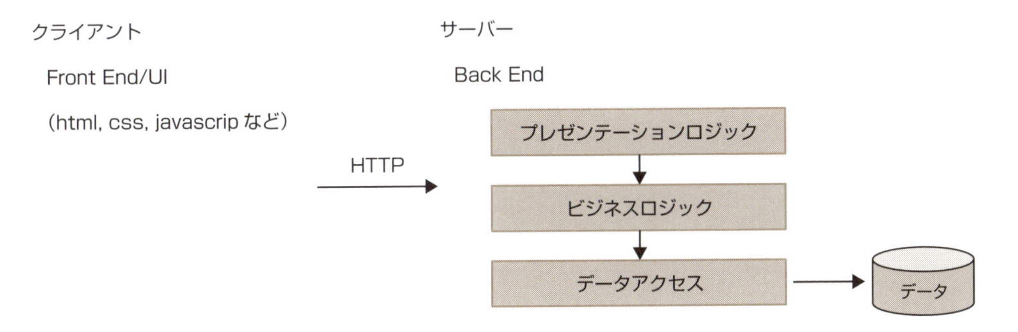

図8.3　一般的なWebアプリケーションの構成

ブロックチェーンには上図の構成要素のうち「データ」と「データアクセス」を構築し、スマートコントラクトとして「ビジネスロジック」の一部を含みます。一方、「UI」と「プレゼンテーションロジック」は含みません。したがって、ブロックチェーンで管理するデータを操作するためには、開発者がUIとプレゼンテーションロジックをアプリケーションとして開発する必要があります。そして、その開発方法は、従来のWebアプリケーション開発の方法と同様です。

開発者は、ブロックチェーンが管理するデータとビジネスロジックにアクセスするために、ブロックチェーンと連携するアプリケーションを実装します。ブロックチェーンのプラットフォームは処理要求を受け付けるインタフェースとしてWeb APIを公開しています。そのため、ほかの参加者と取引するためにブロックチェーンを活用するアプリケーション本体は、図8.4のように、ビジネスロジックからWeb APIを呼び出して処理を実行します。しかし、参加者間で共有する必要のないデータは、参加者の固有のアプリケーションで管理することになり、システム全体では、データベースで管理するデータとブロックチェーンで管理するデータが共存することになります。

参加者固有のビジネスロジックやデータアクセス、及びデータは、参加者が個別に開発し独自の環境に導入します。ブロックチェーンが管理するデータ（ステートデータベース）とそのデータを操作するためのビジネスロジック（スマートコントラクト）は、参加者共通のアプリケーションとして開発し、各参加者のプラットフォームの構成要素として導入します。プラットフォームを導入すれば、ステートデータベースとスマートコントラクトはプラットフォームの機能を利用して共通的に配置されます。

これ以降ではブロックチェーンの内側と外側で管理するものが混在して登場するため、ブロックチェーンの内側で管理するものには「オンチェーン（on chain）の」、ブロックチェーンの外側で管理するものには「オフチェーン（off chain）の」と付けて説明します。

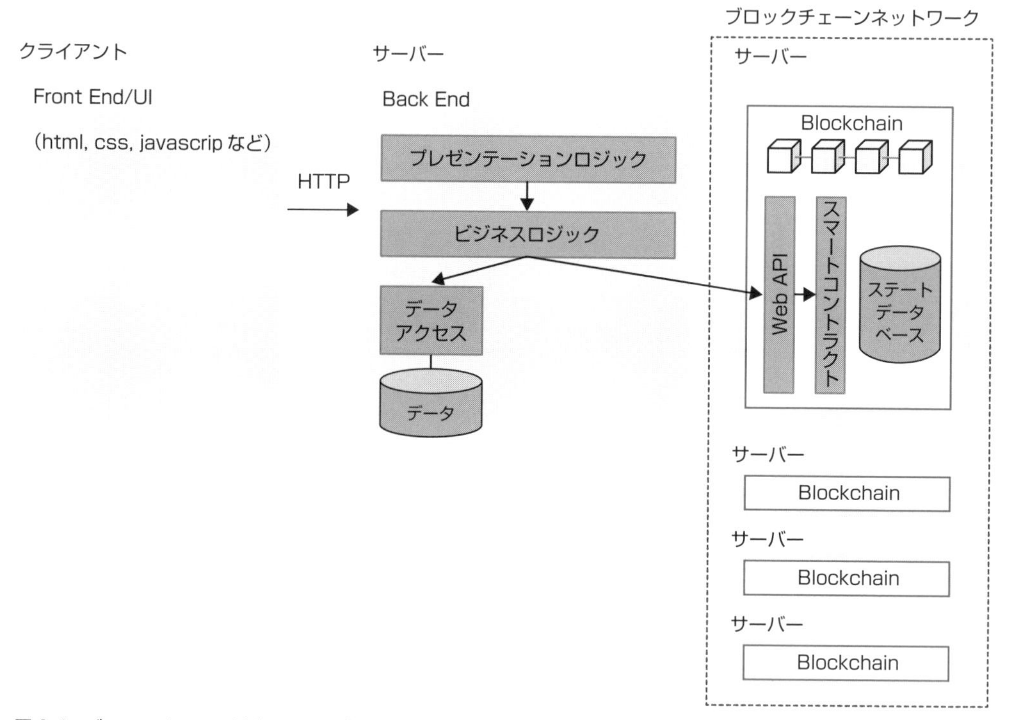

図 8.4　ブロックチェーンを活用するアプリケーションの構成

構成要素ごとの役割は表 8.1 のとおりです。これらの構成要素全てを設計することで、ブロックチェーンを活用したシステムにおけるアプリケーション全体の設計ができあがります。

表 8.1 構成要素一覧

構成要素	役割
ユーザインタフェース（UI）	利用者にデータを表示する。 利用者からの操作を受け付ける。
プレゼンテーションロジック	利用者に表示する形式にデータを変換する。 利用者からの入力データを検証し、ビジネスロジックの入力データ形式に変換する。
ビジネスロジック	利用者からの入力データとシステムの管理データを用いて業務処理を行う。
データアクセス	データの取得、更新を行う。
データ（データベース）	システムで利用するオフチェーンのデータを管理する。
Web API	ブロックチェーンへの操作を受け付ける。
スマートコントラクト	定義したルールに従いオンチェーンにデータを記録する。または、オンチェーンのデータを取得する。
ステートデータベース	オンチェーンのデータを管理する。

それでは、構成要素ごとに設計の留意点を説明します。

3.2 UI とプレゼンテーションロジック

フロントエンドの UI に呼び出されたバックエンドのプレゼンテーションロジックはビジネスロジックを呼び出します。ブロックチェーンはビジネスロジックで隠蔽されるため、UI 及びプレゼンテーションロジックの設計では、ブロックチェーンの特性を考慮することなく従来の開発方法で設計することができます。

3.3 データアクセスとデータベース

ブロックチェーンが加わることにより、データごとの管理場所をブロックチェーン（オンチェーン）かデータベース（オフチェーン）のどちらにするかを定義する必要が生じます。データの管理対象が明確になれば、データアクセスとデータベースはブロックチェーンと直接の依存関係がないので、従来の開発方法で設計できます。

3.4 参照系のビジネスロジック

ブロックチェーンが加わることにより、業務処理の配置場所をブロックチェーン（オンチェーン）かビジネスロジック（オフチェーン）のどちらにするかを定義する必要が生じます。ビジネスロジックはブロックチェーンとの依存関係が強いので、ブロックチェーンの特性を考慮して設計します。

ブロックチェーン内部の振舞いは、第I部で見てきたとおり、一般的なデータベースとは異なります。参照系と更新系のそれぞれにおいて、Web API以降の処理フローを確認します。

参照系の場合、ブロックチェーンの参加者は各自のプラットフォームにデータを保有しています。そのため、ビジネスロジックは、Web APIを呼び出してプラットフォームにアクセスすると、ほかの参加者のプラットフォームにデータを伝播することなく、直接結果を返します。このとき、ほかの参加者のプラットフォームでは処理が実行されないため、単一のデータベースからデータを取得する場合と同じ処理フローとなります。

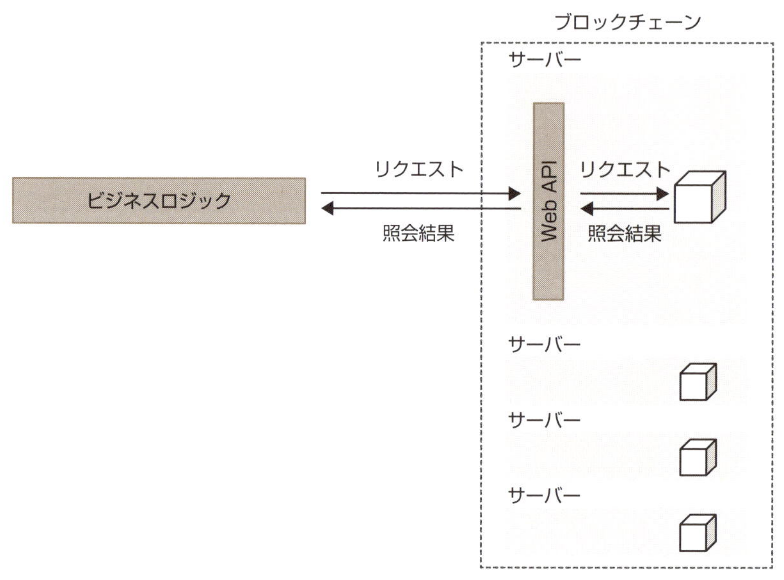

図 8.5　参照系の処理フロー

3.5　更新系のビジネスロジック

ブロックチェーンにデータを登録するためには、データの更新トランザクションが参加者によって合意されなければなりません。図8.6に示すように、ビジネスロジックがWeb APIを呼び出すと、プラットフォームに対して更新トランザクションが発行されます。プラトフォームはネットワークのほかの参加者にトランザクションを伝播し、参加者間の合意をとるように動作します。合意形成のルールに則って作成されたブロックを各自のプラットフォームが受け取ることによって、ビジネスロジックは更新トランザクションの処理結果を知るため、更新系の処理は参照系の処理に比べて処理時間が長くなります[注1]。ビジネスロジックの設計では、プラットフォームに更新トランザクションを発行したことのメッセージをWeb APIから受け取ったタイミングでレスポンスを返すか、または、トランザクションの処理結果がブロックに格納された（更新処理が完了した）ことの確認

注1　処理時間は、選択するプラットフォームやチューニング実施有無によって大きな違いがあります。

をとってからレスポンスを返すかについて方針を決定しなければなりません。

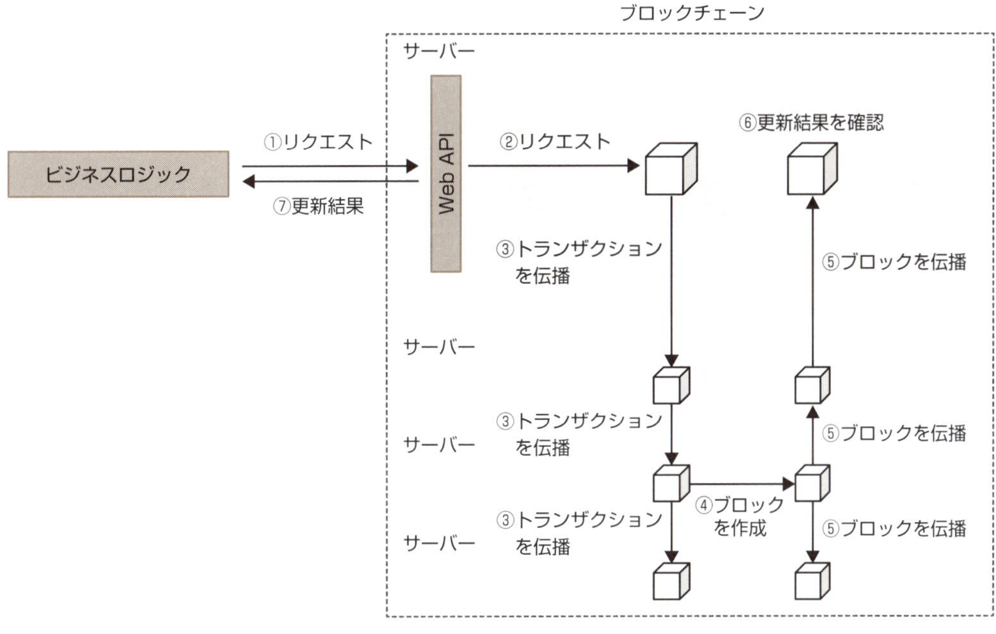

図 8.6　更新系の処理フロー

ビジネスロジックがブロックチェーンでの処理完了を待つ場合、ビジネスロジックとブロックチェーン間のシーケンスは図 8.7 のとおりです。

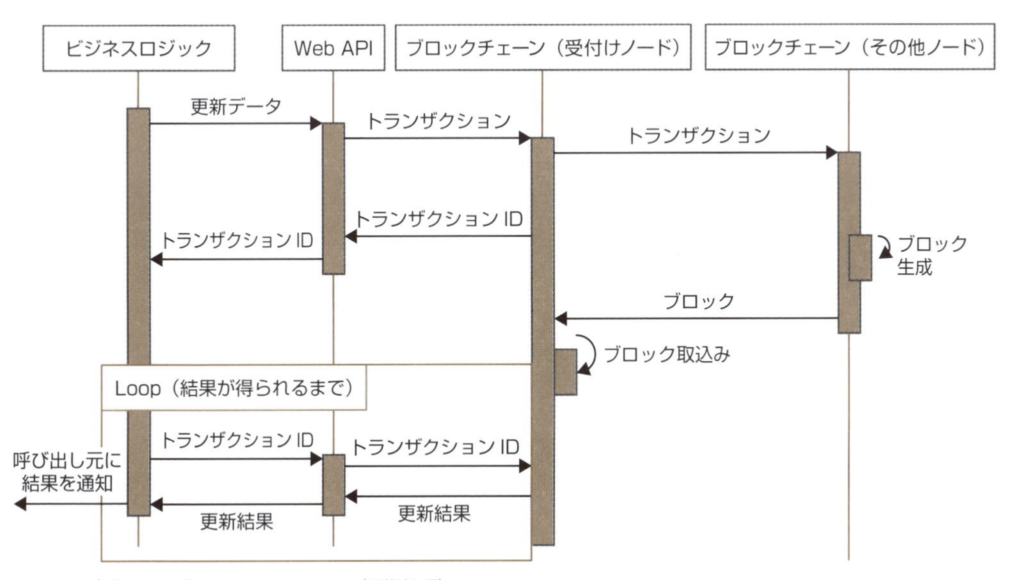

図 8.7　ビジネスロジックのシーケンス図（同期処理）

Web API、ブロックチェーン（受付けノード）、ブロックチェーン（その他ノード）は、プラットフォームの機能として、トランザクションの伝播処理、ブロックの生成処理、ブロックの伝播処理、ブロックの取込み処理を実行します。開発者はビジネスロジックに次の処理を実装します。

- Web APIを呼び出し、ブロックチェーンへのデータ更新を要求する処理
- Web APIを呼び出し、処理結果を確認する処理
  （更新要求時に発行されるトランザクションIDを管理し、トランザクションIDをキーとして処理結果を確認します）

図8.7では、ビジネスロジックは、Web APIに更新要求を出した後、更新結果が得られるまで待ちます。しかし、更新結果の確認にかかる時間がシステムの性能要求に比べて大きく、かつ、更新結果を待たずに更新要求を受け付けたことを先に利用者に返すことが許容される場合には、図8.8のように、ブロックチェーンへの更新結果の問い合わせは更新要求とは別スレッドで処理し、更新結果の問い合わせは非同期に処理するように設計します。

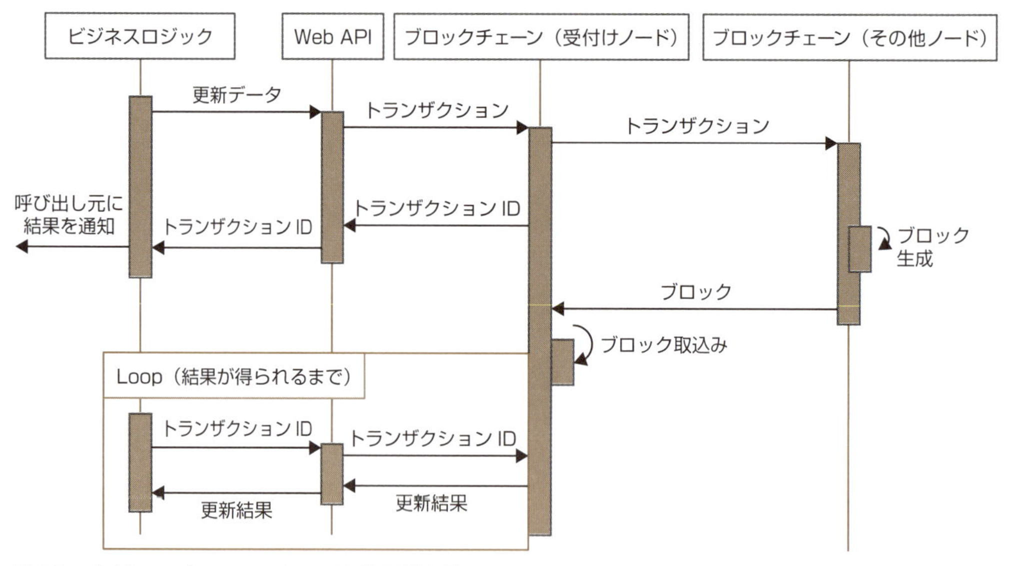

図8.8　ビジネスロジックのシーケンス図（非同期処理）

3.6　Web API

Web APIは、プラットフォームが提供するブロックチェーンへのインタフェースです。ビジネスロジックからの要求を受け付け、次の処理を実行します。開発者はこれらを独自に開発する必要はありません。

- プラットフォームにトランザクションを発行し、トランザクションを追跡するための ID を返す
- トランザクション ID を受け付け、プラットフォームに処理結果を確認する

3.7 ステート DB とスマートコントラクト

ステートデータベース（以下、ステート DB）とスマートコントラクトは、ブロックチェーンに特有の構成要素です。プラットフォームはデータ管理の機能を備えていると説明しました。開発者はブロックチェーンで管理するデータ項目を設計して、ステート DB の項目として定義します。ステート DB はデータをステートフルに管理できるため、口座残高のようにトランザクション処理によって値が変更されるデータ項目を定義します。そして、トランザクションを受けてステート DB の値を変更する処理がスマートコントラクトです。開発者は、ステート DB が管理するデータの参照や更新を行う業務処理をスマートコントラクトとして設計します。

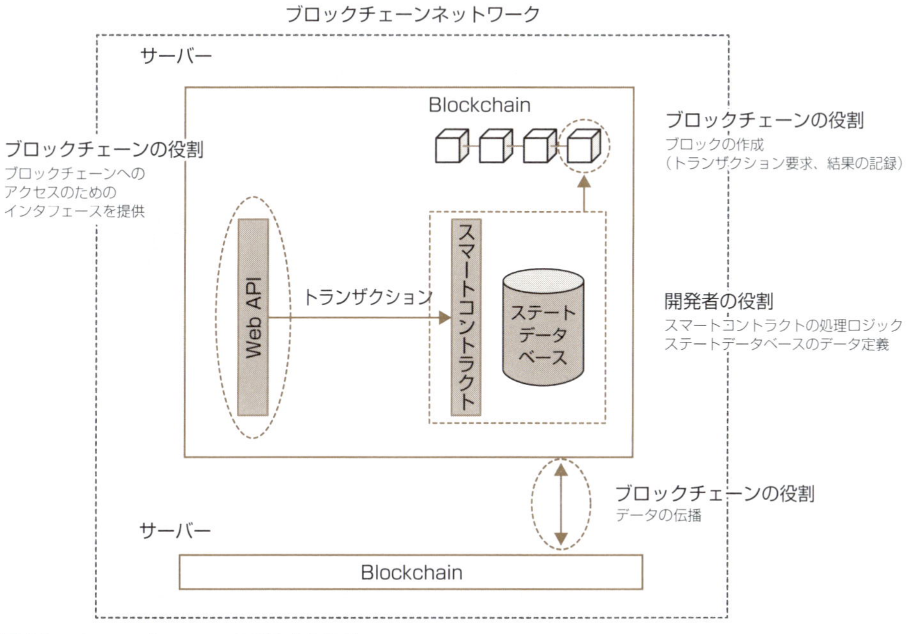

図 8.9 ブロックチェーンでの開発者の役割

スマートコントラクトとして、データにアクセスする際のデータ操作のルールをロジックで実装することにより、ブロックチェーンの参加者はネットワーク上の複数のサーバーに対して、事前に決定した制約条件を守ってアクセスすることが強制されます。この仕組みが、安全なデータ管理を可能にします。

4 ブロックチェーン特性の補完

ブロックチェーンを活用したシステムを設計するうえで注意すべき点は、「ブロックチェーンの特性がそのままシステムの特性にはならない」ということです。

これまで見てきたように、ブロックチェーンは構成要素の1つとし、ほかの構成要素を合わせてシステムを構築します。そのため開発者は、ブロックチェーンの特性を活かし、または補完するように、その他の構成要素を設計しなければなりません。

4.1 高可用性

ブロックチェーンの特性の1つである高可用性がシステム全体に与える影響について見てみましょう。

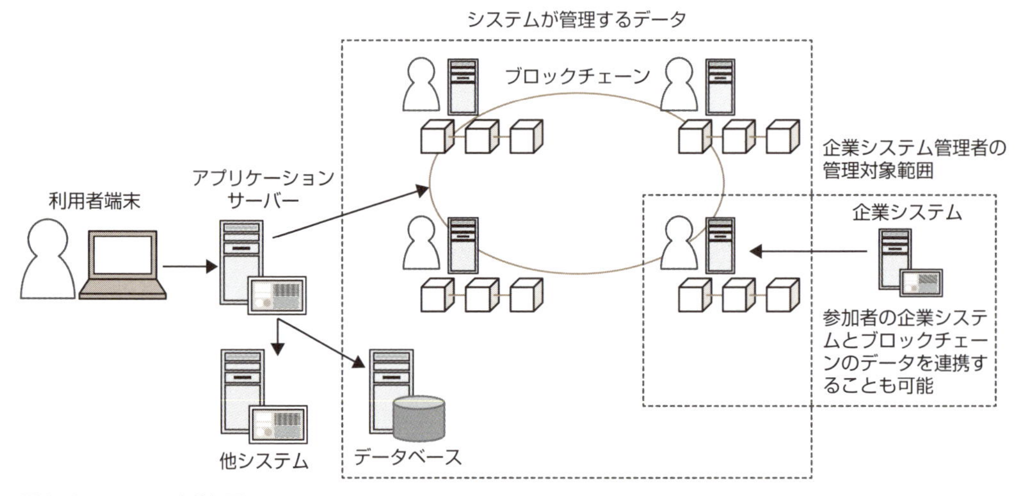

図 8.10　システム全体概要図

図8.10の構成では、ブロックチェーンの高可用性を十分に活かしているとはいえません。システム全体で見たとき、ほかのアプリケーションサーバーやデータベースが単一障害点となってしまいます。可用性を高めるには、これらを冗長化しなければなりません。また、アプリケーションサーバーからブロックチェーンのノードへの接続先を複数台設定することでも、可用性を高めることができます。

ブロックチェーンの高可用性は、ブロックチェーンのネットワーク全体において担保されており、どのノードが停止しても、ほかのノードではデータの登録や参照が可能です。しかし、アプリケーションサーバーが特定のノードとのみ接続している状態では、もしそのノードで障害が発生すると、システム全体が停止してしまいます。このことを考慮すると、可用性を高めるには図8.11のような構成としなければなりません。

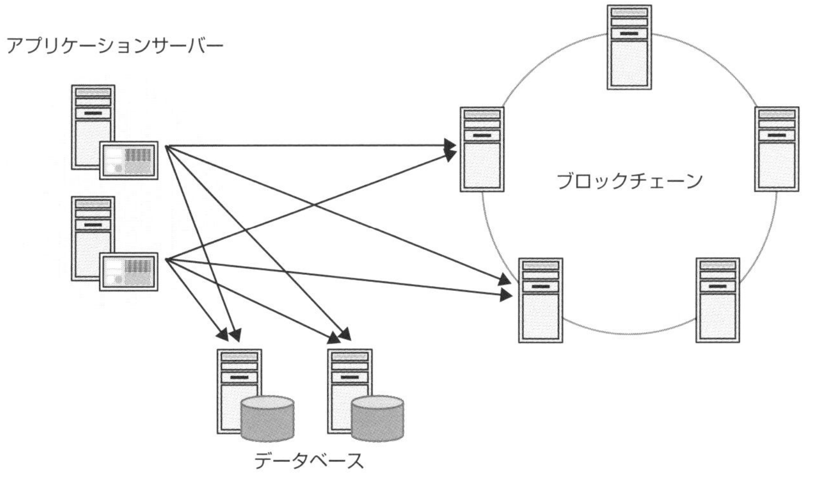

図 8.11　可用性を考慮したシステム構成

アプリケーションサーバーを冗長構成として、ブロックチェーンへの接続先を複数にすることで、システム全体の可用性が高まります。つまり、システムの可用性を高めるには、ブロックチェーン以外の構成要素では従来のシステムと同様の考え方をします。

ブロックチェーンの高可用性の特性を活かすシステムの例として、システム間のデータ連携のためにブロックチェーンを活用する場合を見てみましょう。業務システムと独立したシステムにすることによって、より高可用性のメリットを得ることができます。例えば図 8.12 のようなシステム構成です。

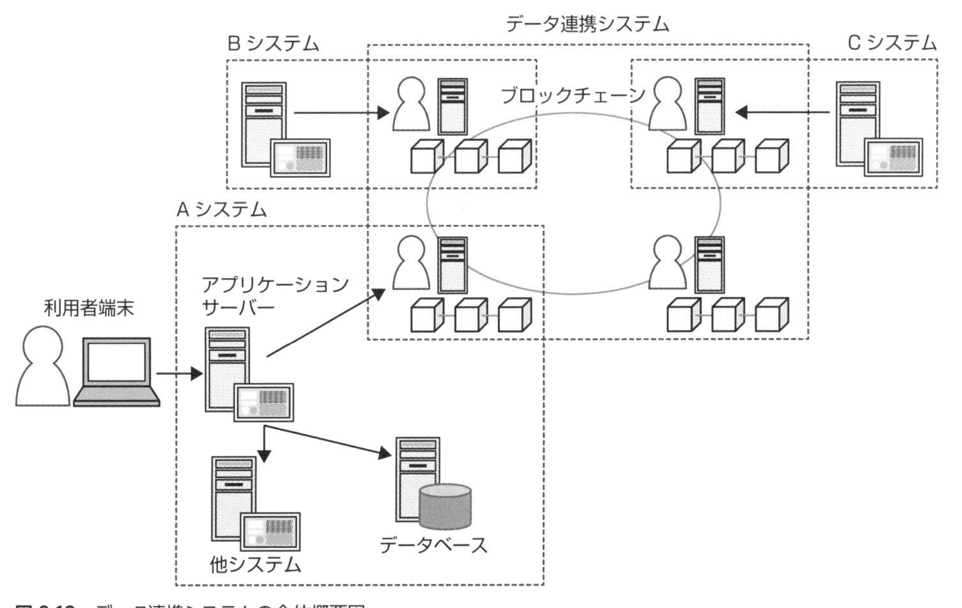

図 8.12　データ連携システムの全体概要図

Aシステム、Bシステム、Cシステムが互いにデータを登録し、照会するためにブロックチェーンを活用するとします。この場合、ブロックチェーンは、各システムから独立した「データ連携システム」と見ることができます。

A、B、Cの各システムの可用性は、上で説明したように、サーバーの冗長化などで担保する必要があります。しかし、システム間のデータの受け渡しは、ブロックチェーンによって可用性が担保されます。

仮にAシステムが停止した場合を考えてみましょう。BとCのシステムは、互いにデータの受け渡しを継続でき、Aシステムが登録したデータについても、停止するまでに登録したデータであれば照会可能です。また、Aシステムの停止が、ブロックチェーンのサーバー停止によるものだった場合、そのサーバーを切り替えることで、Aシステムは容易に復旧することができます。このように、複数のシステムから共通利用する形でブロックチェーンを活用すれば、他システムの稼働状況によらずに自システムの可用性を担保でき、ブロックチェーンの可用性のメリットを享受できます。

4.2 セキュリティ特性

セキュリティの観点では、ブロックチェーンにアクセスする鍵（秘密鍵）の管理が重要です。書き込まれたデータの改ざんが困難なことは、ブロックチェーンの特性の1つですが、ブロックチェーンにアクセスする鍵があれば、ブロックチェーンに虚偽のデータを登録できます。鍵はトランザクションに含める署名に使用し、トランザクションの発行者を証明するものなので、鍵が漏洩してしまうと、本来の鍵の所有者に成り代わって、虚偽のデータを登録するトランザクションが発行されてしまう恐れがあります。そのため鍵は、本来の所有者以外が利用できないように、ブロックチェーンの外部で厳重に管理しなければなりません。

鍵の管理は、利用者による管理と、システムによる管理に分類できます。前者の場合、消失や盗難のリスクは利用者が負います。後者の場合、システムは利用者の数の鍵を管理するため、外部からの攻撃対象となりやすく、万が一にも不正利用されないように、鍵の管理場所やアクセス方法を決めなければなりません。

鍵の管理場所は外部のネットワークから分離されたネットワーク上に用意し、かつ、鍵管理の運用ルールを策定して、管理者による盗難など内部不正についても対策します。

また、システム内部で利用者の鍵を管理する場合、利用者の認証情報などから利用者を特定して、関連する鍵を使ってトランザクションを発行することになります。そのため、なりすましによる虚偽の認証情報を使ってシステムにアクセスされてしまった場合は、鍵が不正に利用されていることを意味し、システムそのものへの不正アクセスを防ぐ対策も同時に必要となります。これはブロックチェーンに限らず、従来のシステム開発でも同様です。

システム利用時の認証方法が、推測されやすい単純なIDとパスワードを利用するフォーム認証の場合、なりすましのリスクが高くなり、ブロックチェーンだけでなくシステムで管理するデータにアクセスされる恐れが生じます。ブロックチェーンにおけるアクセス情報は鍵であり、鍵の管理方式の決定が最も重要であることを認識しておいてください。

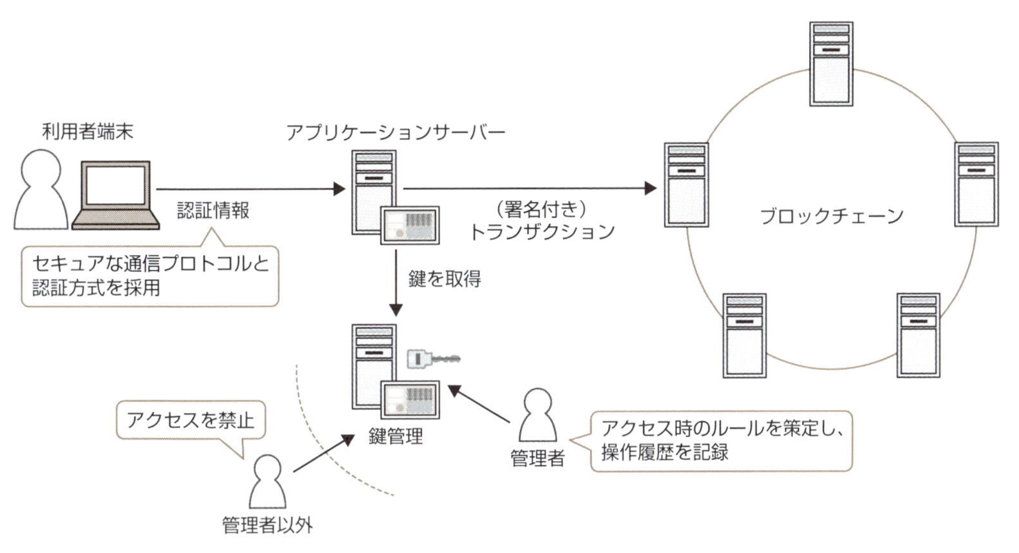

図 8.13　鍵の管理におけるセキュリティ考慮箇所

4.3　処理性能

最後に、ブロックチェーンの処理性能についての留意点を説明します。

ブロックチェーンでは、データ登録のレスポンスタイムの長さがしばしば問題となりますが、システム全体で補完できる場合があります。データの登録処理に時間がかかる理由は、複数のトランザクションをまとめてブロックを作成し、そのブロックを参加者のノードに伝播して、共有が完了するまでに時間がかかるからです。

ところが、発行したトランザクションの結果がブロックに格納されないケースは、ごく限られています。例えば、スマートコントラクトの実行段階での業務エラーにより、トランザクションが無効と判断された場合や、あるいは、同時に同じ鍵でトランザクションが発行され、同時実行制御によって一方が無効とみなされた場合などです。これらのことを考えると、例えば、次のような場合には、レスポンスタイムに改善の余地があります。

- アプリケーションサーバー内で業務処理が完結し、スマートコントラクトではデータを登録するのみである
- 鍵の管理をアプリケーションサーバーが担い、同時に同じ鍵を使った複数のトランザクションが発行されることがない

医療データや学習データなどの記録を改ざんされない形で管理する場合などが、これらに該当します。ブロックチェーンにデータを登録する要求を発行する時点で、正しいデータであることが保証されていれば、ブロックチェーンでは登録要求を中断する必要はありません。

こうした場合、ブロックチェーンがトランザクションを受け付けた時点で、利用者へレスポンスを返し、ブロックの作成処理は非同期で実行することで、レスポンスタイムを短縮できます。

ただし、これを実現するには、トランザクションが無効とみなされるケースを想定し、トランザクションの再発行の仕組みをアプリケーションサーバー側に用意するなどの対策が必要になります。これらの対策を講じるには構築コストが大きくなるため、処理性能向上とトレードオフの状態になります。そのため、レスポンスタイムの短縮が必要な業務かどうかと、対策機能の構築コストなどから総合的に判断します。

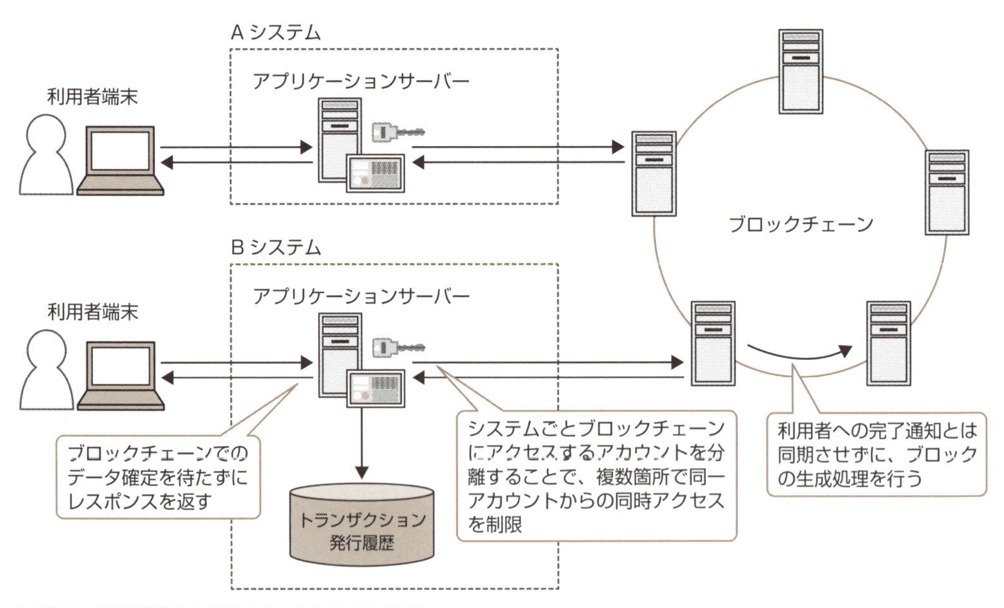

図 8.14　処理性能向上対策をとったシステム概要

第9章

プラットフォームの特性

システムの詳細アーキテクチャの設計については、第Ⅰ部で説明したブロックチェーンの仕組みを基に解説します。その準備として、本章では、ブロックチェーンの代表的なプラットフォームであるEthereumとHyperledger Fabricを取り上げて、特性を説明します。プラットフォームごとのアーキテクチャがシステムの設計にも少なからず影響を与えるため、それらの違いを整理してから次章に進むことで、より理解が深まるでしょう。
EthereumとHyperledger Fabric以外にも多くのプラットフォームがありますが、現在OSSで提供され、多数の導入実績があるのはこの2つです。ほかのプラットフォームを採用する場合でも、本書での解説と同じように、第Ⅰ部のブロックチェーンの仕組みとプラットフォームの特性から設計方針を策定することができるでしょう。

1 Ethereum と Hyperledger Fabric の構成

本章では Ethereum と Hyperledger Fabric のシステム構成を整理し、次章では詳細アーキテクチャの策定方針を説明します。詳細アーキテクチャの考え方に行き詰った場合には、本章のプラットフォームの特性に立ち戻ってみてください

では、Ethereum と Hyperledger Fabric のシステム構成を見ていきましょう。

1.1 Ethereum のシステム構成

まずは Ethereum についてです。図 9.1 に示すように、Ethereum では同じ役割を持つノードでネットワークを構成し、全てのノードがブロックの作成と、データの保有を担当します。Ethereum では改ざんができないようにトランザクションデータとスマートコントラクトそのものがブロックに格納されます。また、各々のスマートコントラクトにはステート DB が従属します。

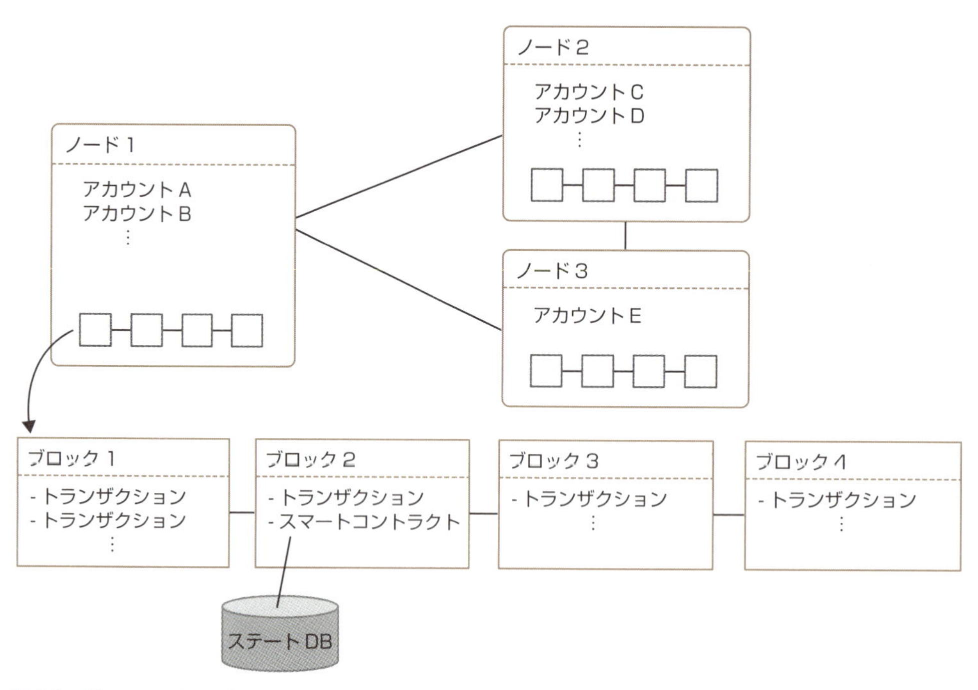

図 9.1　Ethereum のアーキテクチャ

- **ノード**

  ネットワークを構成し、自律的に稼働するブロックチェーンのサブシステムです。各ノードは同一のブロックを保有します。また、ノードはアカウントの発行機能を有し、発行したアカウントは各ノードで別々に管理します。

- **アカウント**

  トランザクションの実行に必要な利用者の識別子です。ノードによって作成され、アカウントごとに公開鍵と秘密鍵のペアを持ちます。

- **ブロック**

  ノードでマイニングされることによって作成されます。ブロックにはトランザクション履歴とスマートコントラクトが格納されます。

- **スマートコントラクト**

  ブロックチェーン上で動作するプログラムです。トランザクションと同様、ノードでマイニングされることによってブロックに登録されます。ブロックがノードに伝播されることにより、スマートコントラクトも共有され、ほかのノードからもスマートコントラクトの実行が可能となります。スマートコントラクトにはステート DB が従属し、スマートコントラクト単位にデータを管理します。Ethereum では、スマートコントラクトを「Contract」と呼びます。

- **ステート DB**

  ブロックチェーン上で管理されるデータの実態です。スマートコントラクト内で宣言した変数が、ステート DB のデータ項目として管理されます。

1.2 Hyperledger Fabric のシステム構成

次は Hyperledger Fabric についてです。Hyperledger Fabric では、Ethereum とは異なり、それぞれのノードが異なる役割を担います。

図 9.2 に示すように、スマートコントラクトを実行しトランザクションを処理するノード（endorsing peer）、ブロックに格納するトランザクションとステート DB の値を決定するノード（orderer）、各々のノードの実行権限を管理する認証局となるノード（CA）などがあります。ブロックチェーンの一貫性を保ち、ブロックチェーン全体の処理性能を高めるために、Hyperledger Fabric では分散するノードが役割を分担します。

そのため、スマートコントラクトは、トランザクションを処理する役割のノードが保持すればよく、ノード全体で共有する必要がありません。また、ネットワーク全体の管理者がスマートコントラクトの導入や更新を統制することを前提としているため、ブロックには格納されずにブロックの外側で管理されます。スマートコントラクトに従属するステート DB が存在する点は Ethereum と同じです。

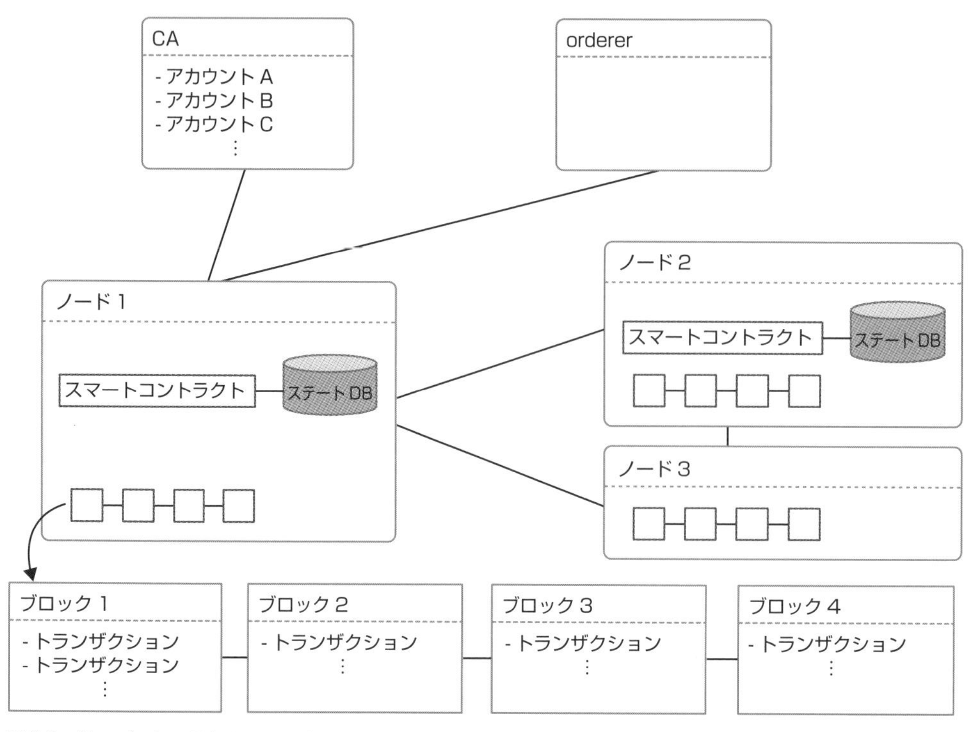

図 9.2　Hyperledger Fabric のアーキテクチャ

- **ノード**

  ネットワークを構成するブロックチェーンのサブシステムです。各ノードはスマートコントラクトとブロックを保持します。ブロックチェーンを保有するノードのうち、トランザクションを処理する役割のノードのみが、スマートコントラクトを保持する必要があります（バックアップのためにブロックチェーンを保持するノードでは、スマートコントラクトの導入は必須ではありません）。トランザクションを処理するノードを「endorsing peer」と呼びます。

- **orderer**

  endorsing peer が処理した複数のトランザクションの結果を受け取り、ブロックに格納するトランザクションとステート DB に更新する値を決定します。決定した内容はブロックチェーンのノードに配布され、各ノードは、orderer からの内容に従ってブロックの作成処理を実行します。

- **アカウント**

  トランザクションの実行に必要な利用者の識別子です。CA（証明局）によって作成され、公開鍵と秘密鍵のペアを持ちます。

- **ブロック**

  orderer によって作成され、ネットワークに参加しているノードに配布されます。ブロックにはトランザクション履歴が格納されます。

- **スマートコントラクト**

  ブロックチェーン上で動作するプログラムです。ノードにインストールすることによって登録されます。スマートコントラクトにはステート DB が従属します。Hyperledger Fabric では、スマートコントラクトを「Chaincode」と呼びます。

- **ステート DB**

  ブロックチェーン上で管理されるデータの実態です。スマートコントラクトの外で管理されます。

- **CA（証明局）**

  アカウント管理を行います。CA によって承認を受けたノードだけがネットワークに参加できます。アカウントも同様で、CA によって承認を受けたアカウントだけがトランザクションを発行・実行できます。

Ethereum と Hyperledger Fabric の大きな違いは、ネットワークを構成するノードごとに役割が異なるかどうかです。Ethereum では、ネットワークに参加した時点で全ノードが同じ役割を担うため、パブリック型と同様に単純なシステム構成をとることができ、ネットワーク管理者の負荷も小さく済みます。一方 Hyperleger Fabric では、異なる役割を持つノードが連携しネットワークを形成します。そのため、ネットワーク管理者にはノードを管理する負荷がかかり、システムの構成も複雑です。その代わり、ノードごとの柔軟な権限管理が可能となります。また、ノードの役割が明確なため、効率的にネットワークを運用することができます。

2　スマートコントラクト

多くのブロックチェーンのプラットフォームがそうであるように、Ethereum も Hyperledger Fabric もスマートコントラクトの実行基盤を備えています。第I部で説明したように、スマートコントラクトには、ブロックチェーンが管理する権利などの状態を変更する際に強制する絶対的なルールを実装することができます。状態はステート DB が管理し、ルールをスマートコントラクトが管理します。図 9.3 のように、ビジネスロジックは、プラットフォームが公開する Web API を経由して、スマートコントラクトを呼び出します。呼び出されたスマートコントラクトは、ブロックチェーンのノード間で共有するステート DB の状態データの参照及び更新処理を行います。

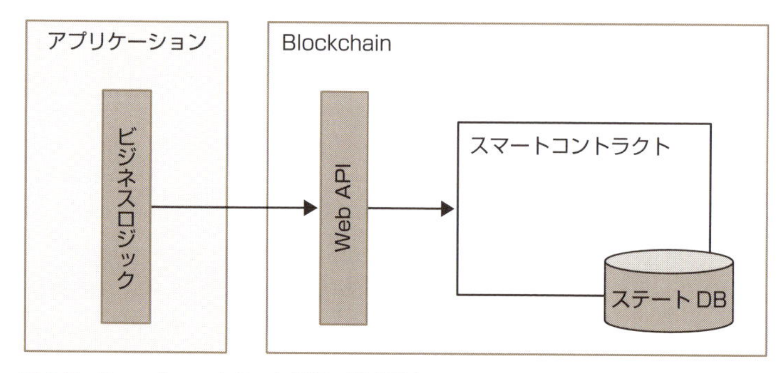

図 9.3　スマートコントラクト周辺の構成要素

Ethereum と Hyperledger Fabric のスマートコントラクトでは、スマートコントラクトの配置、及びステート DB との関係が異なります。

2.1　ステート DB と一体となった改ざん困難な Ethereum

Ethereum において、スマートコントラクトは、コントラクトの記述に最適化されたプログラミング言語である Solidity のクラスとして実装され、「Contract」と呼ばれます。Contract はブロックに格納することでブロックチェーンに配置されます。Ethereum は各自のノードでトランザクションを発行し、任意のノードが処理するため、Contract はネットワーク全体に配布しなければならず、ブロックに格納してトランザクションデータと共に伝播させています。

また、ブロックに格納して配布することには、Contract の改ざんを防止できる効果もあります。一度締結した契約に基づくルールは変更されることなく履行されなければならず、その一部となる Contract がネットワークの全てのノードから登録、実行、参照が可能であるにもかかわらず、改ざんがされないことを保証することは契約当事者にとって重要なことです。しかし一方、いったんブロックに格納したContractは取り消すことができず、新規Contractを作成した場合のアップグレードもできません。そのためEthereumでは、図9.4のように過去のContractを残したまま、新規のContractを登録します。

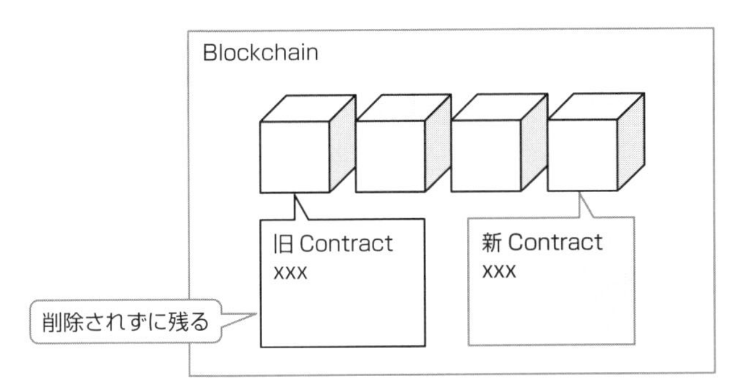

図9.4 Ethereumでの Contractの配置

Contract（スマートコントラクト）とステートDBの関係は図9.5のとおりです。Ethereumでは、スマートコントラクト内にステートDBを保有し、密接な関係性にあります。

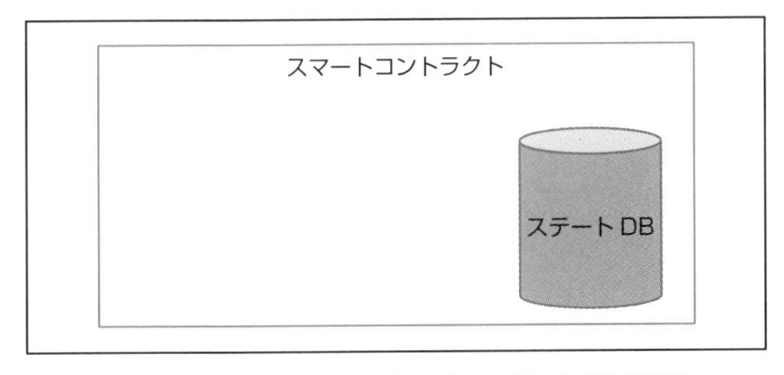

図9.5 Ethereumでのスマートコントラクトとステート DBの関係

このことについて、スマートコントラクトの実装例と照らし合わせて解説します。リスト9.1はオークションを実現する実装例[注1]です。オークションの入札機能をスマートコントラクトで実装し、現時点の最高額とその入札者をステートDBで管理します。スマートコントラクトはブロックチェーンの全てのノードから実行可能なため、至るところで同時にオークションに対する入札を受け付け、現時点の最高額とその入札者を正確に管理することができます。このとき、複数の入札要求を順番に処理するような制御ロジックをスマートコントラクトに実装する必要はありません。

注1　Solidityの公式Webサイトからの抜粋です。
< http://solidity.readthedocs.io/en/develop/solidity-by-example.html#simple-open-auction >

　また、過去の最高額と入札者の履歴データもプラットフォームによって自動的にブロックチェーンに保存されます。

リスト 9.1　Ethereum のスマートコントラクトの実装例 (Solidity)

```
1 pragma solidity ^0.4.11;
2
3 contract SimpleAuction {
4     address public highestBidder;
5     uint public highestBid;
6
7     function bid() public payable returns(int){
8         if (highestBid > msg.value) {
9             return -1;
10        }
11        highestBidder = msg.sender;
12        highestBid = msg.value;
13    }
14 }
```

　Contract 内に定義される変数のうち、グローバル変数（上記リストでは、2 行目の 'highestBidder' と 3 行目の' highestBid' が該当）が、そのままオンチェーンで管理されるステート DB の項目として扱われます。グローバル変数を操作することがブロックチェーン上のステート DB を操作することを意味します。上記リストでは、トランザクション実行要求者（msg.sender）が、入札額（msg.value）を指定して、入札関数（function bid()）を呼び出します。指定した入札額がその時点で登録されている最高額（highestBid）よりも大きければ、最高額を更新し、トランザクション実行要求者を最高額入札者（highestBidder）として更新します。

2.2　ステート DB を分離したアップグレード可能な Hyperledger Fabric

　Hyperledger Fabric におけるスマートコントラクトの実装は「Chaincode」と呼ばれます。Chaincode はブロックには格納されず、endorsing peer のブロックチェーンの環境に配置されます。トランザクションは各自のノードから発行し、endorsing peer がトランザクションを処理し、スマートコントラクトを実行します。

　Ethereum では全ノードがスマートコントラクトを実行可能であるのに対して、Hyperledger Fabric ではその役割を endorsing peer だけが担うため、endorsing peer にのみ Chaincode を配布します。また、Chaincodeの正当性はendorsing peerが保証するので、改ざん防止のためにブロックに格納する必要性はありません。そのためHyperledger Fabricでは、図9.6のようにブロックの外にChaincodeを配置することができ、また、古いChaincodeを取り消し、新規Chaincodeでアップグレードすることができます。

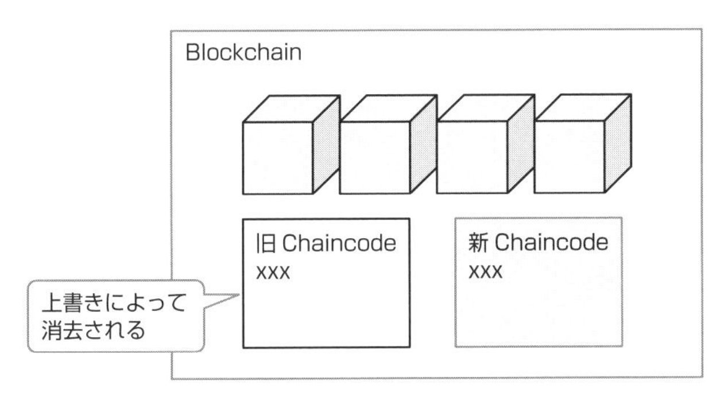

図 9.6 Hyperledger Fabric での Chaincode の配置

Chaincode（スマートコントラクト）とステートDBの関係は図9.7のとおりです。Hyperledger Fabricでは、スマートコントラクト外にステートDBを保有し、スマートコントラクトからアクセスする外部ストレージの関係性にあります。

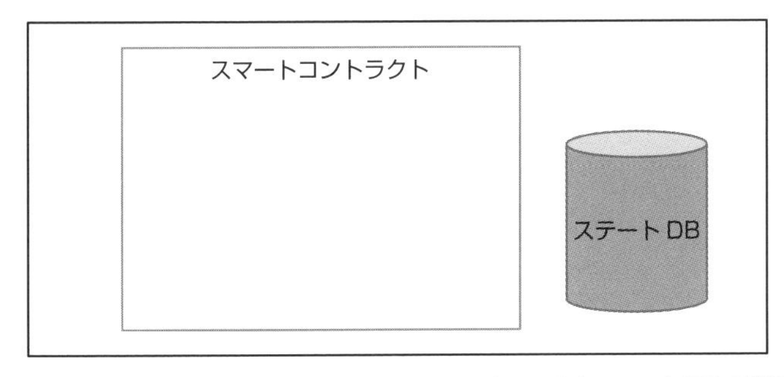

図 9.7 Hyperledger Fabric でのスマートコントラクトとステート DB の関係

このことについて、スマートコントラクトの実装例と照らし合わせて解説します。リスト9.2は、Ethereumのスマートコントラクトの実装例で示したリスト9.1と同じオークションの実装例です。

リスト 9.2 Hyperledger Fabric のスマートコントラクトの実装例 (Go)

```
1  package main
2
3 import (
4     "fmt"
```

```
5       "strconv"
6
7       "github.com/hyperledger/fabric/core/chaincode/shim"
8       "github.com/hyperledger/fabric/protos/peer"
9 )
10
11 type SimpleAuction struct {
12 }
13
14 func main() {
15   if err := shim.Start(new(SimpleAuction)); err != nil {
16     fmt.Printf("Error starting SimpleAuction chaincode: %s", err)
17   }
18 }
19
20 func (t *SimpleAuction) Init(stub shim.ChaincodeStubInterface) peer.Response {
21     return shim.Success(nil)
22 }
23
24 func (t *SimpleAuction) Invoke(stub shim.ChaincodeStubInterface) peer.Response {
25     fn, args := stub.GetFunctionAndParameters()
26
27     var result string
28     var err error
29     if fn == "bid" {
30             result, err = bid(stub, args)
31     } else {
32             return shim.Error(fmt.Errorf("Incorrect function name"))
33     }
34     if err != nil {
35             return shim.Error(err.Error())
36     }
37    return shim.Success([]byte(result))
38 }
39
40 func bid(stub shim.ChaincodeStubInterface, args []string) (string, error) {
41     highestBid, _ := stub.GetState("highestBid")
42     if strconv.Atoi(args[0]) > strconv.Atoi(highestBid) {
43       stub.PutState("highestBid", []byte(args[0]))
44       stub.PutState("highestBidder", []byte(args[1]))
45     } else {
46                             return "", shim.Error(fmt.Errorf("Not highestBid"))
47                     }
48     return "", nil
```

```
49 }
```

Hyperledger Fabric では、ステート DB は Chaincode の外部領域に置かれ、Ethereum のように Chaincode 内にステート DB の項目に該当する変数の宣言はありません。Chaincode からステート DB にアクセスするには、Hyperledger Fabric が提供する API を使用します。上記リストでは、41 行目の' GetState' API 関数でステート DB の値を参照し、43 行目、44 行目の' PutState' 関数でステート DB の値の更新処理を実行しています。

3 トランザクションのフロー

全てのブロックチェーン・プラットフォームにおいて、トランザクションを発行し、ブロックに格納することでトランザクションが完了することは同じです。Ethereum と Hyperledger Fabric では、発行したトランザクションをブロックに格納するまでのフローが異なります。

3.1 Ethereum のトランザクションフロー

まずは、Ethereum のトランザクションフローを見てみましょう。

図 9.8 のように、クライアントが 1 つのノードに対して発行したトランザクションはネットワークに伝播され、任意のノードが作成したブロックを受け入れると、トランザクションが完了します。

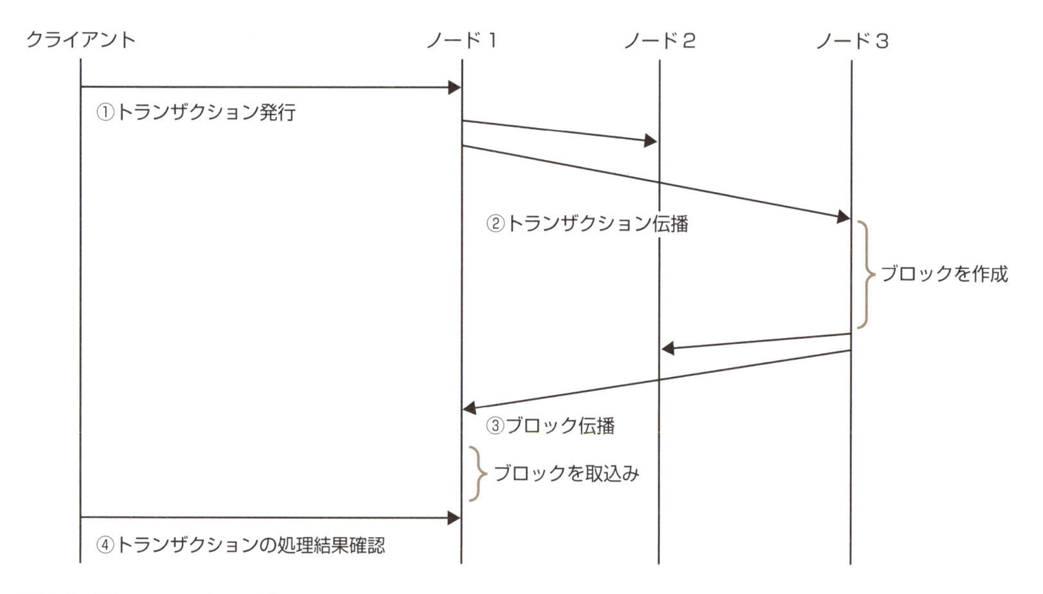

図 9.8　Ethereum のトランザクションフロー

リスト 9.3 は、①でクライアントがトランザクションを発行する場合の Java での実装例です。この実装例は、本章 2 節「スマートコントラクト」で説明した SimpleAuction を使用しています。トランザクション発行元（3 行目の setFrom）、トランザクション発行先（4 行目の setTo）、値（6 行目の setValue）を設定して、Contract に実装した引数なしの bid() を実行するトランザクションを発行しています。

リスト 9.3　Ethereum でのトランザクション処理の実装例（Java）

```
1 // JSONRPCで呼び出す情報のパラメータ部分をオブジェクト化する注2
2 JsonRpcParamsVO jsonRpcParamsVO = new JsonRpcParamsVO();
3 jsonRpcParamsVO.setFrom("実行者のアカウントアドレス");
4 jsonRpcParamsVO.setTo("コントラクトアドレス");
5 jsonRpcParamsVO.setData("0x1998aeef"); // 呼び出すfunctionのbid()をハッシュ化した文字列
の先頭4バイト
6 jsonRpcParamsVO.setValue("0x64"); // 数値100を16進数化した文字列
78 // JSONRPCで呼び出す情報をオブジェクト化する注3
9 JsonRpcVO jsonRpcVO = new JsonRpcVO();
10 jsonRpcVO.setJsonrpc("2.0"); // JSON RPCのバージョンを指定する
11 jsonRpcVO.setMethod("eth_sendTransaction"); // 呼び出すメソッドを設定する
12 jsonRpcVO.setParams(new Object[]{jsonRpcParamsVO}); // パラメータ部分を設定する
13 jsonRpcVO.setId("1"); //IDを指定する（任意）

14 // JacksonのObjectMapperを利用して、オブジェクトをJSON文字列に変換する注4
15 ObjectMapper mapper = new ObjectMapper();
16 String jsonText = mapper.writeValueAsString(jsonRpcVO);

17 // JerseyのWebResourceを利用して、ethereumに対してPOST送信する注5
18 WebResource resource = Client.create().resource("ethereumのURL");
19 String response = resource.accept("application/json").post(String.class, jsonText);
```

トランザクションを発行すると、トランザクション ID（例として"0x998d3c2e4b9ee67848c923b023846ae48f5b372dcdd17d5e26fbc75f13859cb9"）が振り出され、String response（19 行目）に格納されます。そして、格納されたトランザクション ID をキー情報として処理結果を確認します。①のトランザクション発行直後に確認するとリスト 9.4 のように表示され、blockNumber は null であり、まだブロックに取り込まれていないことを表しています。

注 2　JSON RPC 形式のフォーマットで Contract を呼び出す（https://github.com/ethereum/wiki/wiki/JSON-RPC）ために、予め、JSON RPC のフォーマットに則った JsonRpcParamsVO オブジェクトのクラスを定義しておきます。

注 3　JSON RPC 形式のフォーマットで Contract を呼び出す（https://github.com/ethereum/wiki/wiki/JSON-RPC）ために、予め、JSON RPC のフォーマットに則った JsonRpcVO オブジェクトのクラスを定義しておきます。

注 4　Java のオブジェクトを JSON 文字列に変換するためのライブラリとして Jackson（https://github.com/FasterXML/jackson）を利用しています。

注 5　RestAPI を呼び出すためのライブラリとして Jersey（https://jersey.github.io/）を利用します。

リスト 9.4　トランザクションのデータ例

```
>
eth.getTransaction("0x998d3c2e4b9ee67848c923b023846ae48f5b372dcdd17d5e26fbc75f13859cb9")
{
  blockHash:
  "0x0000000000000000000000000000000000000000000000000000000000000000",
  blockNumber: null,
  from: "0xadefcafaf85af6fc5bd2362a3de4966d41bce3f0",
  gas: 90000,
  gasPrice: 18000000000,
  hash:
  "0x998d3c2e4b9ee67848c923b023846ae48f5b372dcdd17d5e26fbc75f13859cb9",
  input: "0x1998aeef",
  nonce: 9030,
  r: "0xe8a3b033a16aaa3c99469ccff23e90fcbf2668a92349d17696fd322e8ba1ef20",
  s: "0x59f07929e3139a1571941e76f713222670a0fa58c2c3be0a40a6317742216a50",
  to: "0x72c86876f759da14d535e3939f035053bb594a2f",
  transactionIndex: 0,
  v: "0x1b",
  value: 100
}
```

③でノードがブロックを取り込んだ後に、クライアントが同じトランザクションを確認すると、今度はblockNumberが設定されていることから、ブロックに格納されたことがわかります。

このようにEthereumでは、クライアントがトランザクションIDを管理し、トランザクションの情報を定期的に確認する処理を行います。さらにEthereumでは、第I部第4章5節「ファイナリティ」で説明したように、ブロックチェーンが分岐する可能性があるため、トランザクションが格納されたブロックの後にいくつブロックがつながったときにそのトランザクションを完了とみなすかをクライアントが決めなければなりません。N個のブロックがつながって完了とみなす場合には、トランザクションが格納されているブロックと最新ブロックのブロック高を比較してN個以上になるまで、クライアントはトランザクションの完了を待ちます。

リスト 9.5　ブロック高確認の実装例

```
// 最新のブロック高の確認
> eth.blockNumber
59872

// トランザクションが格納されるブロック高の確認
>
```

```
eth.getTransaction("0x998d3c2e4b9ee67848c923b023846ae48f5b372dcdd17d5e26fbc75f13859cb9").
blockNumber
59866
```

3.2 Hyperledger Fabricのトランザクションフロー

次に、Hyperledger Fabricについてです。

Hyperledger Fabricでは、endorsing peerとordererとで役割を分担してトランザクションを処理します。図9.9のように、クライアントは最初にendorsing peerにトランザクションのシミュレーション実行を依頼します。endorsing peerは、スマートコントラクトを実行し、事前にトランザクションの実行結果を取得します。クライアントは次に、endorsing peerが実行したシミュレーション結果と共にトランザクションをordererに送信します。ordererは複数のトランザクションを受け付け、ブロックに格納する対象トランザクションを決定した後に、各peer（endorsing peerを含む）に向けてブロックに格納する全てのトランザクションを送信します。それをpeerがブロックに格納します。

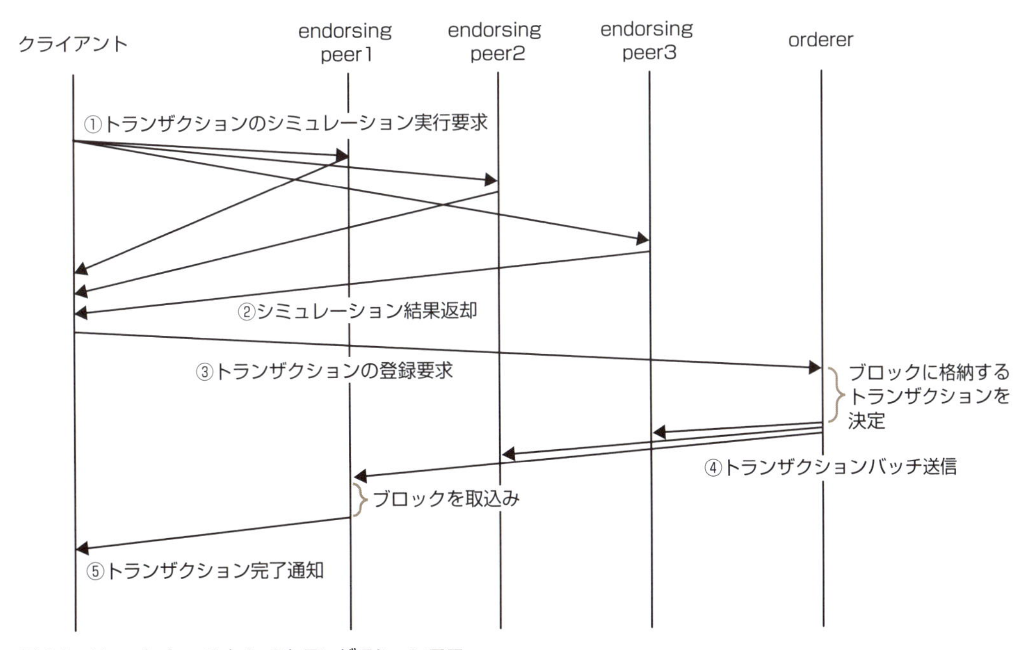

図9.9 Hyperledger Fabricのトランザクションフロー

クライアントは、トランザクションをordererに送信するタイミングで、トランザクション結果の通知を受け取るpeerを指定します。指定されたpeerはordererからのトランザクションのバッチ送信を受けて、ブロックの取込みを行うと、クライアントにトランザクションの完了を通知します。クライアントはpeerからの完了通知を受け取った時点で、トランザクションの完了とみなすことができます。Ethereumと異なり、トランザクションの完了はプラットフォームで確定し、クライアントがトランザクションの完了を判断する必要はありません。

リスト9.6は、クライアントが①トランザクションのシミュレーション実行要求、③トランザクションの登録要求を処理する場合のJavaでの実装例です。この例では本章2節「スマートコントラクト」で説明したSimpleAuctionを使用しています。22行目の変数requestに入札額とトランザクション発行元を設定し、Chaincodeに実装したbit()を実行するトランザクションを発行しています。

リスト9.6　Hyperledger Fabricでのトランザクション処理の実装例（Java）

```
1  var options = {
     --- 省略 ---
2      Channel_id:  'myChannel' , // channel ID
3      event_url: 'grpc://localhost:7053',  // event要求peer アドレス
4      orderer_url: 'grpc://localhost:7050'  // orderer アドレス
5  };
6  var channel = {};
7  var client = null;
8  var targets = [];
9  var tx_id = null;
10 Promise.resolve().then(() => {
11     /*トランザクション送信情報の設定*/
12    client = new hfc(); // Hyperledger Fabric SDKのインスタンス生成
    --- 省略 ---
13    channel = client.newChannel(options.channel_id);
14    var peerObj = client.newPeer(options.peer_url);
15    channel.addPeer(peerObj); // シミュレーションを行うpeerの設定
16    channel.addOrderer(client.newOrderer(options.orderer_url)); // ordererの設定
17    targets.push(peerObj);
18    return;
19  }).then(() => {
20    /* Chaincode実行情報の設定 */
21    tx_id = client.newTransactionID();
22    var request = {
23        targets: targets,
24        chaincodeId:  'SimpleAuction' , // ChaincodeのID
```

```
25          fcn: 'bid' , //Chaincodeのfunction名
26          args: [ '100' , 'bidder' ], //Chaincodeの引数
27          chainId: 'mychannel' ,
28          txId: tx_id
29      };
30      /*シミュレーション実行*/
31      return channel.sendTransactionProposal(request); // シミュレーション実行
32  }).then((results) => {
33      /*シミュレーション結果の取得*/
34      var proposalResponses = results[0];
35      var proposal = results[1];
36      var header = results[2];
37      if (!proposalResponses || !proposalResponses[0].response ||
          proposalResponses[0].response.status != 200) {
38        /* シミュレーション結果がNGの場合は処理を終了 */
39        console.error('transaction proposal was bad');
40        return 'Failed to send Proposal or receive valid response. Response null or status
is not 200. exiting...';
41      }
42      /* シミュレーション結果OKの場合は本実行 */
43      var request = {
44          proposalResponses: proposalResponses,
45          proposal: proposal,
46          header: header
47      };
48      var transactionID = tx_id.getTransactionID();
49      var eventPromises = [];
50      let eh = client.newEventHub();
51      eh.setPeerAddr(options.event_url); // event要求 peerの設定
52      eh.connect();
53      let txPromise = new Promise((resolve, reject) => {  // event要求promise
          --- 省略 ---
54          eh.registerTxEvent(transactionID, (tx, code) => {
          --- 省略 ---
55          });
56      });
57      eventPromises.push(txPromise);  // event要求promiseの設定
58      var sendPromise = channel.sendTransaction(request); // orderer要求promiseの設定
59      return Promise.all([sendPromise].concat(eventPromises)).then((results) => { //
promiseを一括実行し、全ての結果が返ってきた後に処理を実行する
60          return results[0];
61      }).catch((err) => {
```

```
62          return 'Failed to send transaction and get notifications within the timeout
period.';
63     })
```

第 10 章

詳細アーキテクチャの設計

本章では、詳細アーキテクチャの設計を見ていきましょう。第Ｉ部で説明したブロックチェーンの仕組みを基にして設計の方針を提示し、なぜそのように設計しなければならないかについての理由を解説します。また、前章で説明したEthereumとHyperledger Fabricのアーキテクチャの違いによる設計への影響についても補足します。

1　データ管理の役割分担

ブロックチェーンのシステム設計で考慮すべき対象は、ビジネスロジックとデータです。UIやプレゼンテーションの設計はブロックチェーンに依存しません。本章では、下の図に示した範囲の詳細アーキテクチャを説明します。

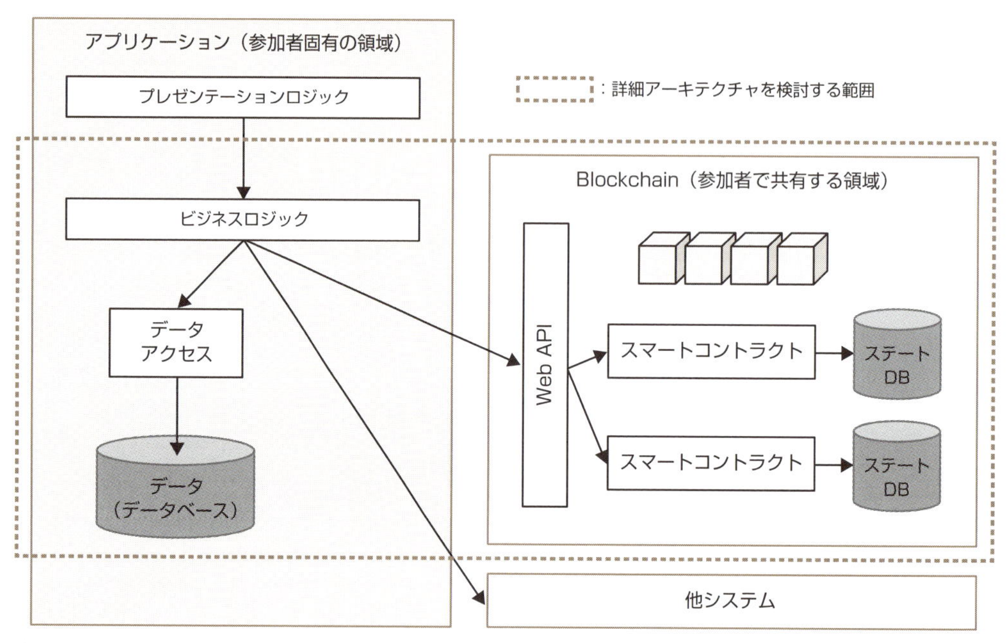

詳細アーキテクチャの検討範囲

1.1　ステートDB、ブロック、外部DBでの分担

第3章1節1.3項「アカウント型のデータ構造」では、アカウント型のプラットフォームが管理するデータには、トランザクションデータとトランザクション実行結果があることを説明しました。トランザクションデータは、クライアントからブロックチェーンに発行したトランザクションそのものであり、ブロックに記録されます。そして、トランザクション実行結果は、スマートコントラクトの実行によって更新された値であり、ステートDBに記録されます。Ethereumと Hyperledger Fabricは共にアカウント型であり、ブロックとステートDBでデータを管理します。

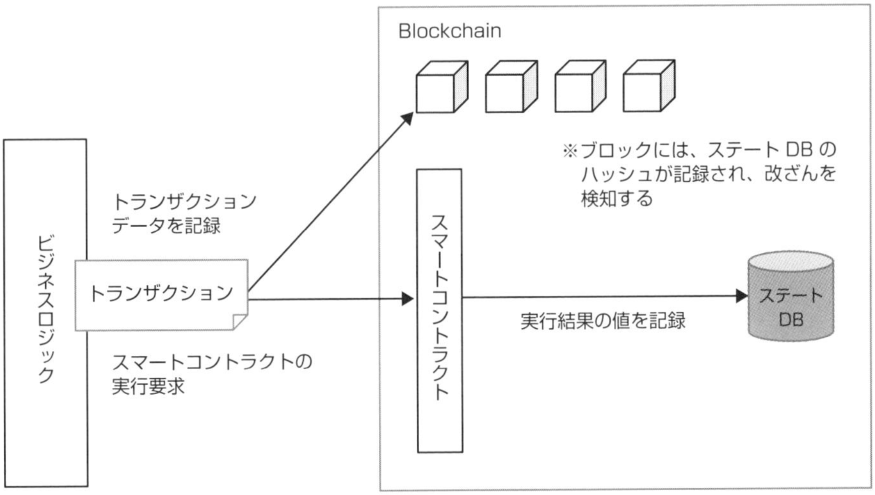

Blockchain
※ブロックには、ステートDBの
ハッシュが記録され、改ざんを
検知する
ビジネスロジック
トランザクション
データを記録
トランザクション
スマートコントラクトの
実行要求
スマートコントラクト
実行結果の値を記録
ステート
DB

図 10.1 ブロックチェーンのデータ管理

システム全体では、ブロックチェーンが管理するデータのほかに、ブロックチェーンにアクセスする参加者固有のシステムが保有するデータベース（外部DB）などのストレージが存在します。

アプリケーション（参加者固有の領域）
：データの管理場所
プレゼンテーションロジック
ビジネスロジック
データ
アクセス
データ
（データベース）
Blockchain（参加者で共有する領域）
Web API
スマートコントラクト
ステート
DB
スマートコントラクト
ステート
DB
他システム

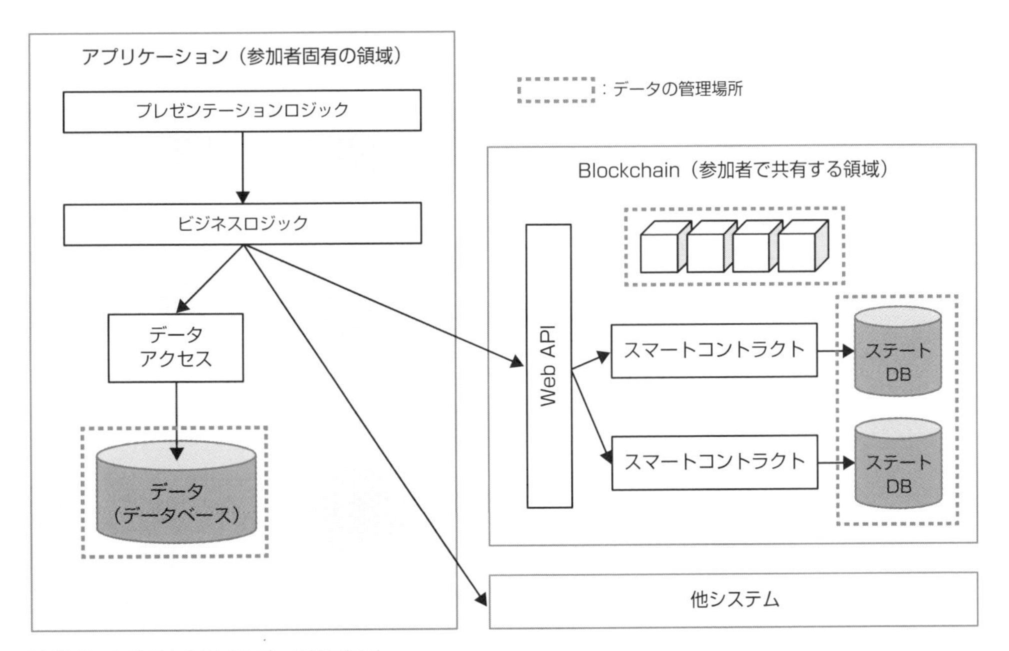

図 10.2 システム全体でのデータ管理場所

データ管理の役割分担の設計では、まず、ブロックチェーンで管理すべきデータを決定します。改ざんが困難なブロックチェーンで管理するデータには真正性があり、登録したデータはブロックチェーンのネットワークで共有できる特徴があります。そのため、ネットワーク上で安全に共有すべきデータをブロックチェーンが管理し、それ以外を外部DBが管理するように設計します。

ブロックチェーンで管理する共有すべきデータは、ステートDBに登録します。ステートDBで管理するデータはステートフルであるため、データの現在の状態を共有できるからです。そしてブロックには、状態を更新したときのクライアントからの取引要求がトランザクションとして格納されます。

第6章4節「賃貸物件契約管理」において、物件のオーナーと複数の仲介業者で契約前の物件の空き状況を共有する場合を考えてみましょう。仲介業者たちは同じ物件を扱うので、顧客に物件を紹介するときは、他社が既にその物件の契約行為を開始していないか確認する必要があります。そのためステートDBには「物件の基本情報」と「物件の空き状況」を登録し、オーナーと仲介業者たちで共有します。

仲介業者Aが物件を仮押えすると、空き状況を「仮押え」に更新するトランザクションが仲介業者Aから発行され、その結果、ステートDBの「物件の空き状況」が「仮押え」に更新されます。ほかの仲介業者やオーナーがステートDBのデータを確認すれば、物件の空き状況を確認でき、ブロックのデータからは過去の空き状況の更新履歴を確認することができます。

「物件の空き状況」の共有を目的とする限り、物件の詳細情報や契約者情報までは必要とせず、これらの情報はオフチェーンの外部DBで管理するよう設計します。このとき、システム全体におけるデータ管理の役割分担は下の表10.1のようになります。

表10.1　データ管理の役割分担

管理場所	管理データ属性
ステートDB	・物件の基本情報 ・物件の空き状況
ブロック	・物件の空き状況更新履歴
外部DB	・物件の詳細情報 ・物件の契約者情報

データ管理の役割分担の設計ポイントは次のとおりです。

1. **ステートDB**

   参加者同士で共有するデータの管理に使用する。

   一度登録したデータは改ざんができず、真正性がある。

2. **ブロック**

   ステートDBを更新する取引履歴の管理に使用する。

3. **外部DB**

   参加者同士で共有しないデータの管理に使用する。

以上が、データ管理の役割分担の基本的な考え方です。ブロックチェーンで管理するデータについては、さらに、「セキュアデータ」と「インデックス」の扱いに考慮を要します。

1.2 セキュアデータの扱い

ブロックチェーンが管理するデータは、ネットワークの参加者全員で共有され、全員に公開されます。そのため、もし特定の参加者だけにデータを公開したいという要件がある場合には、トランザクションデータ（スマートコントラクトの入力データ）とトランザクション実行結果（スマートコントラクトの処理結果）のデータを暗号化して管理する必要があります。そして、オフチェーンで公開したい相手へ復号鍵を渡します。

もし、あなたがデータの公開を目的とせず、データの改ざんがないことを保証したいだけであれば、別の方法でブロックチェーンを利用できます。対象のデータをオフチェーンの外部DBで管理して、データのハッシュ値だけをブロックチェーンに登録することで改ざんがないことを保証できます。データそのものはブロックチェーンに登録しないので、ほかの参加者には公開されません。かつ、そのハッシュ値は、ブロックチェーンに登録されて以降改ざんされていないことを保証できます。

例えば契約書などの機密性の高い文書を公開することなく、改ざんされないことを保証するには、図10.3のように文書をIDと共にデータベースで管理し、文書のハッシュ値をステートDBに登録します。後日、データベース内の文書のハッシュ値を計算し、ステートDBのハッシュ値と一致していれば、文書に改ざんがないことを保証できます。また、ブロックの取引履歴からは、文書が作成された日時を確認することもできます。

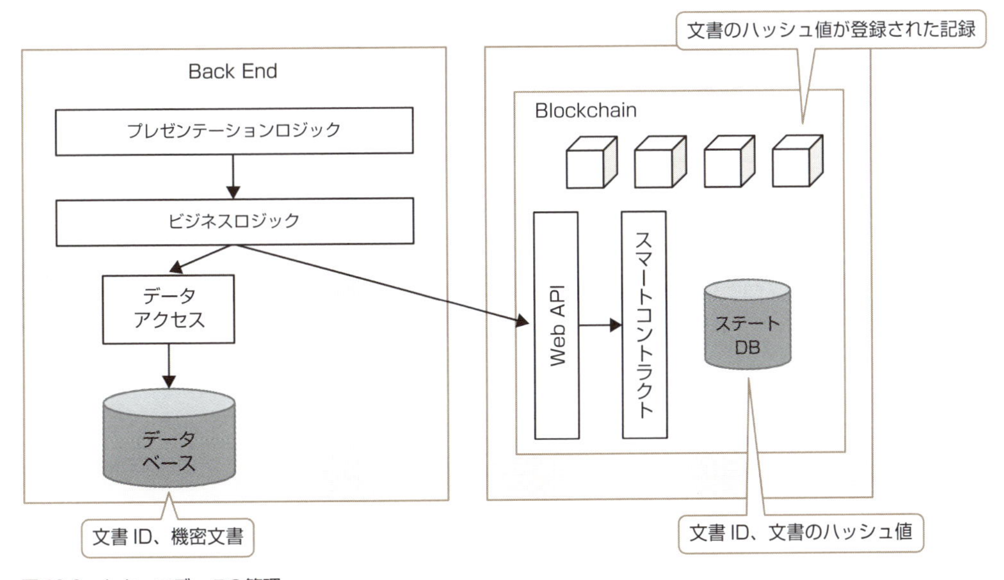

図10.3 セキュアデータの管理

1.3 インデックスの扱い

Ethereum と Hyperledger Fabric のステート DB のデータ構造は、Key-Value であり、リレーショナルデータベースのようにインデックスを自由に設計することができません。そのため、データの項目や件数が多くなるほど参照・更新時の処理性能が低下します。

ステート DB に対する処理性能を向上させたい場合には、インデックスデータの管理機能を構築します。インデックスデータはデータベースまたはステート DB で管理します。図 10.4 のように、検索条件からステート DB の Key を取得し、その Key を直接指定して Value を取得する仕組みを構築します。

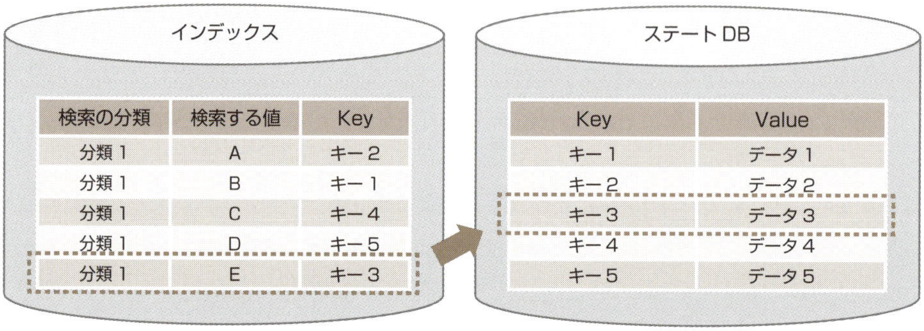

インデックス

検索の分類	検索する値	Key
分類 1	A	キー 2
分類 1	B	キー 1
分類 1	C	キー 4
分類 1	D	キー 5
分類 1	E	キー 3

ステート DB

Key	Value
キー 1	データ 1
キー 2	データ 2
キー 3	データ 3
キー 4	データ 4
キー 5	データ 5

図 10.4　インデックスの作成イメージ

ブロックのデータにアクセスする場合にも、同様にインデックスを利用します。ブロックには取引履歴が格納されていますが、特定の参加者の過去の取引を確認するために、全てのブロックのデータを 1 件ずつ確認するのは非効率です。参加者が取引を実行したときのトランザクション ID を、リストに保存・管理しておけば、ブロックからトランザクションを効率的に取り出すことができます。

2 ビジネスロジックの役割分担

業務処理の内容は、第5章で説明したスマートコントラクト、または、バックエンドのビジネスロジックに実装します（図10.5）。

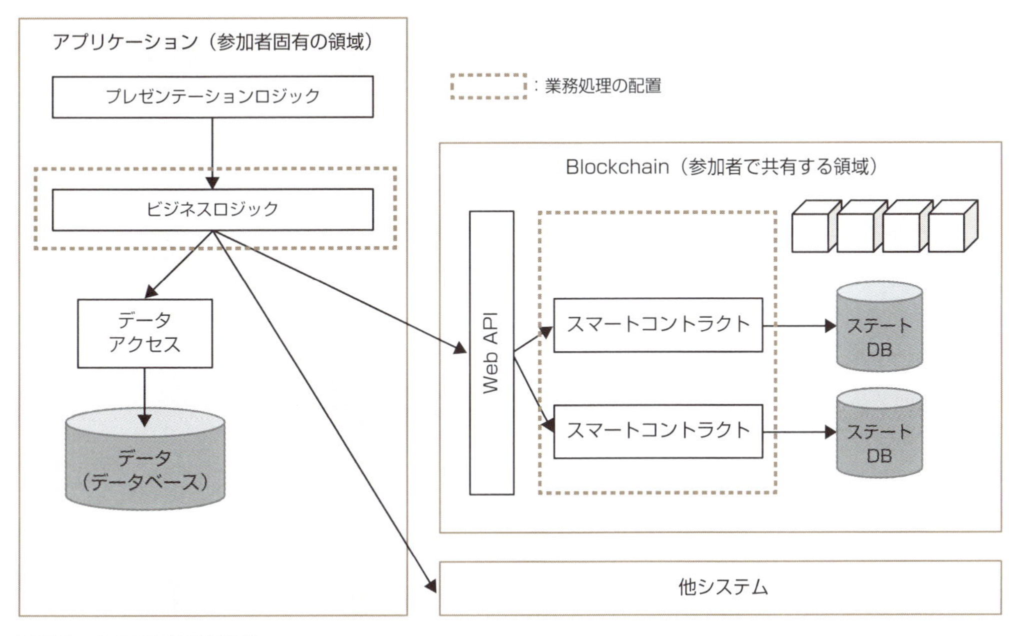

図10.5　業務処理の配置箇所

スマートコントラクトの実装は、プラットフォームごとに異なります。Ethereum と Hyperledger Fabric の実装については、第5章2節「プログラミングコード」を参照してください。

システム全体で扱うデータには、ブロックチェーンが管理するオンチェーンのものと、その外で管理するオフチェーンのものがあります。スマートコントラクトは、前者のデータ（ステートDB）を扱います。一方、オフチェーンのビジネスロジックでは、データベースとステートDBの両方のデータを扱い、ステートDBにはスマートコントラクトを呼び出してアクセスします（図10.6）。

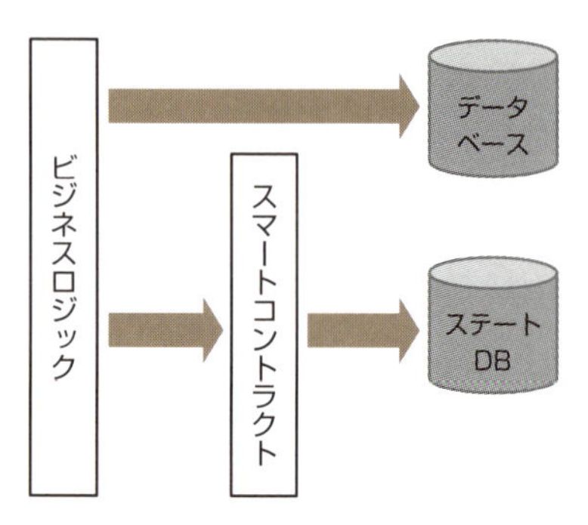

図 10.6　業務処理と扱うデータの関係

ステート DB を直接操作できるのはスマートコントラクトのみです。スマートコントラクトにはステート DB が管理するデータの変更ルールを実装します。実装したルールは、ステート DB のデータと共に参加者全員に共有し、参加者に強制することができます。ステート DB のデータはデータベースとは異なり、たとえ管理者であっても、直接値を変更できず、スマートコントラクトはステート DB を操作する際の絶対的なルールと考えることができます。

ビジネスロジックは、ステート DB を含めたシステムが管理する全てのデータを対象にして、業務処理を実装します。また、スマートコントラクトを呼び出す役割も持ちます。スマートコントラクトには、ほかのシステムを呼び出す処理は実装できません。この制約のため、スマートコントラクト内で他システムの処理結果を扱う場合は、ビジネスロジックが他システムを呼び出し、その結果をスマートコントラクトに渡します（図 10.7）。

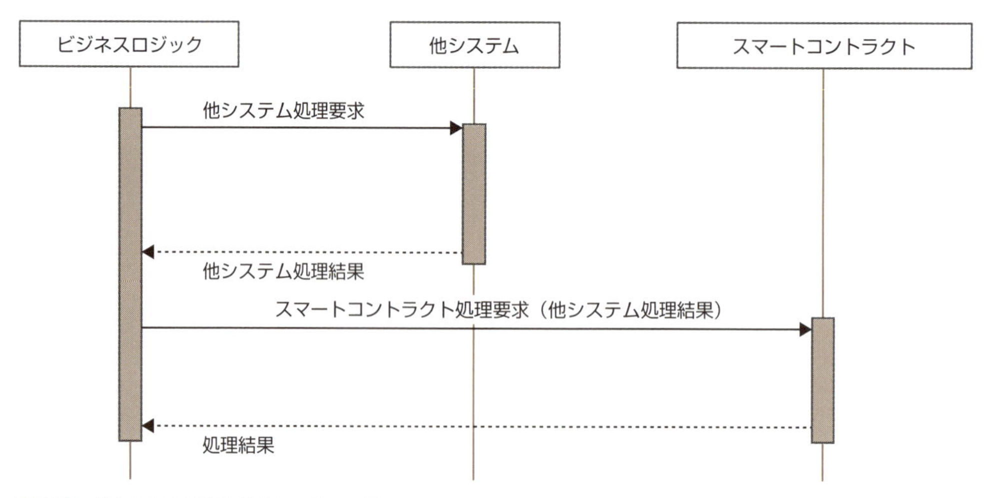

図 10.7　他システム呼出し時のシーケンス図

第6章4節「賃貸物件契約管理」において、ステートDBで物件の状況を管理する場合、スマートコントラクトには物件の状況更新処理を実装します。

- 物権の状況が"空き"の場合にのみ、"仮押え"に更新できる
- 物件の状況が"仮押え"の場合、"仮契約"に更新できるのは仮押えの顧客のみである

こうした更新ロジックをスマートコントラクトに実装することで、仲介業者たちはこのルールに従って物件の状況を管理することになります。

ビジネスロジックの役割分担の設計ポイントは、次のとおりです。

1. **スマートコントラクト**
   - 参加者同士で共有するステートDBを操作するルールを実装する。
2. **ビジネスロジック**
   - 参加者同士で共有しない業務処理を実装する。
   - ステートDBを含むシステムが管理する全てのデータにアクセス可能である。
   - スマートコントラクトの呼出し処理を含む。

3　スマートコントラクトの設計

ここまでの詳細アーキテクチャの検討で、データとビジネスロジックのそれぞれのオンチェーン、オフチェーンの分離ができました。次に、オンチェーンにおけるスマートコントラクトのクラス設計について確認します。(図 10.8)

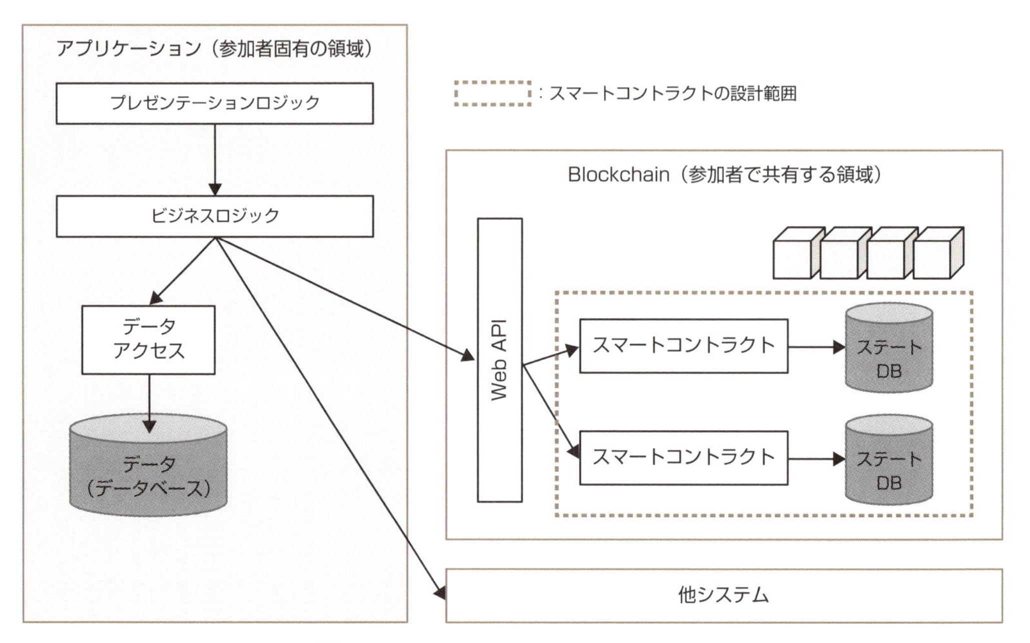

図 10.8　スマートコントラクトの設計範囲

3.1　ステート DB とスマートコントラクトの分割

スマートコントラクトには、ステート DB のデータを操作するためのルールを実装すると説明しました。スマートコントラクトはステート DB と関係しているため、ステート DB の単位でクラスを設計します。

まずは、データのエンティティを抽出し、エンティティ間の関連性を整理します。次に、エンティティ間に関連があるかどうかを見ていきます。関連がある場合には、それらは同時に更新しなければならない強い関連かどうかを確認します。例えば、第 6 章 4 節「賃貸物件契約管理」では、「物件の基本情報」と「物件の空き状況」の 2 つのエンティティをステート DB で管理しますが、「物件の基本情報」と「物件の空き状況」の更新のタイミングは異なり、2 つのエンティティの間には強い関連はないと判断できます。よって、これらは別々のステートDBに分離し、その単位をスマートコントラクトのクラス単位として設計します。

スマートコントラクトは、参加で共有するデータを保護する大切な役割を担うため、プログラム保守の観点から、データを操作するルールの定義に限定した単純な構造をとることを推奨します。図10.9のように、ステートDBの単位に作成したスマートコントラクトは、プラットフォームが提供するWeb APIによってビジネスロジックに機能を公開します。スマートコントラクト間の呼出し処理は実装せず、ビジネスロジックがWeb APIを経由して複数のスマートコントラクトを呼び出して業務処理を実装するのが基本構造です。「物件の空き情報」の参照時には、「物件の基本情報」と結合して確認したいという要望が出てきそうですが、結合処理はビジネスロジックに任せます。

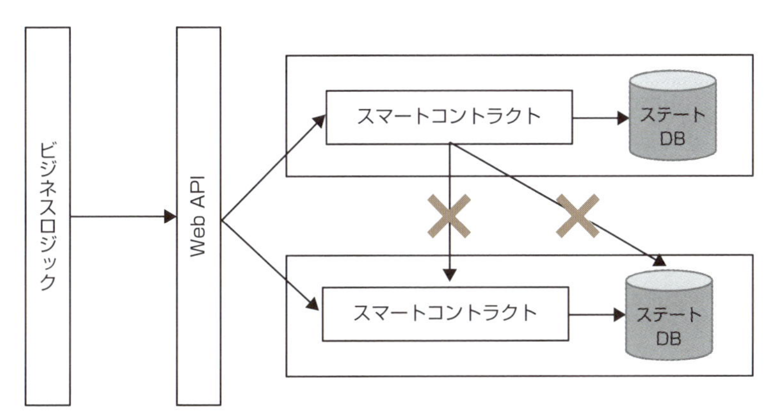

図10.9 スマートコントラクトの呼出し関係

スマートコントラクトがステートDBのデータ操作のルールを実装するのに対し、ビジネスロジックは、スマートコントラクト、データベース、他システムなど関連する構成要素を操作し、統合的な業務処理を実装します。

Column スマートコントラクトは絶対的なルールでなければならない

構造を単純化するためには、スマートコントラクト間の呼出しを実装しないことが推奨されます。しかし、設計上最も意識すべきことは、ステートDBを操作するための絶対的なルールです。

スマートコントラクトの構造を単純化した結果、ビジネスロジックから複数のスマートコントラクトを呼び出さなければならないとしたら、ビジネスロジック側でデータを改ざんされる可能性があり、ルールとしては不完全になってしまいます。悪意ある参加者からもデータを保護できるルールであることを前提として、単純な構造をとるようにしてください。

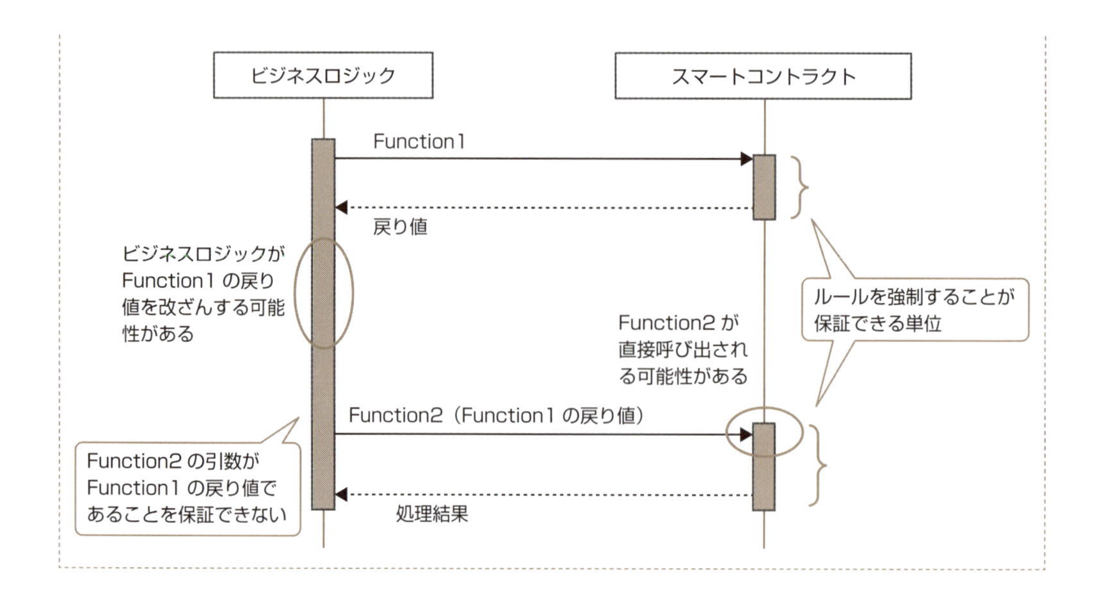

Column　ステート DB に RDBMS が採用されたなら…

現時点のプラットフォームのステート DB は Key-Value 形式のものが多く、参照性能はそれほど高くありません。しかし、今後の発展として、ステート DB にリレーショナルデータベース（RDBMS）が採用されれば、参照性能の向上が見込めます。また、様々な抽出条件に対応したクエリを柔軟に実装することもできます。そうなれば、スマートコントラクトに複数のステート DB をまたがる参照機能を配置する設計も考えられます。この場合のメリットは、スマートコントラクトの機能がプラットフォームの仕組みによってほかの参加者にも共有され、各自の環境でこの機能を利用できるようになるということです。

ここまでで、スマートコントラクトのクラスを、図 10.10 のように分割することができました。

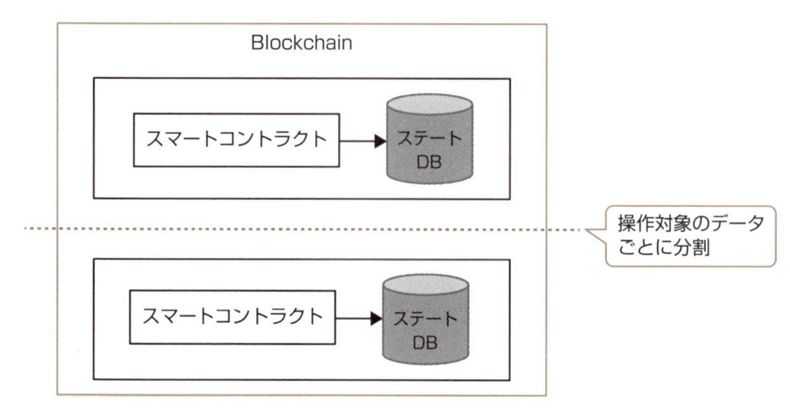

図 10.10　スマートコントラクトの分割（データごとの分割）

3.2 機能役割ごとのスマートコントラクトの分割

ここまでは、スマートコントラクトが操作するデータを対象に分割したものですが、さらに役割ごとに分割する必要があります。ステートDBのデータ構造定義と業務処理を同一のクラスとしてスマートコントラクトに実装することは、長期的な保守性を下げることにつながります。そのため、スマートコントラクトは、図10.11のように、ルールを管理・実行するクラスと、ステートDBを操作するクラスに分割します。

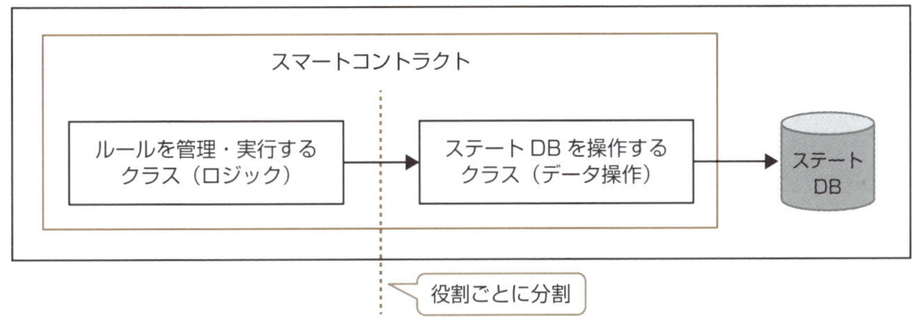

図10.11 スマートコントラクトの分割（役割ごとの分割）

Ethereum と Hyperledger Fabric とでは、前章で説明したようにスマートコントラクトとステートDBの関係に違いがあり、役割ごとに分割する考え方に影響します。

Ethereum は、スマートコントラクトとステートDBが密接な関係にあると前章で説明しました。つまり、ルールを実行管理する機能とステートDBを操作する機能は共にContractで実装しなければなりません。これらを同一のContractに含めた場合には、図10.12のように、ルールの変更のためのContractの更新によりステートDBのデータが初期化されてしまいます。

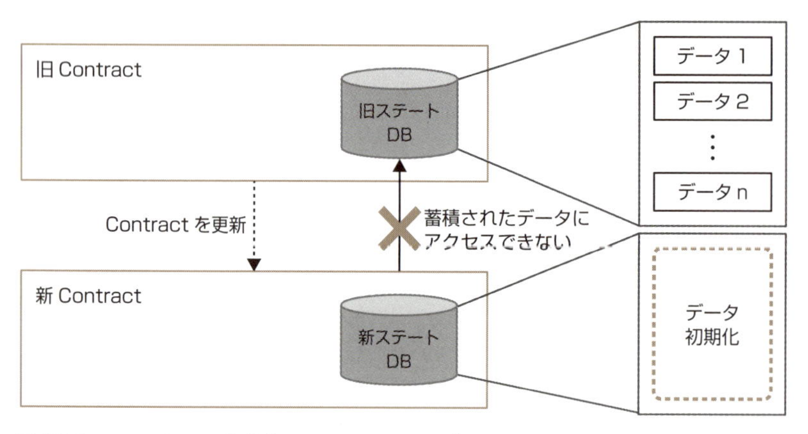

図 10.12　ステート DB が初期化されてしまうイメージ

この事象を防ぐために、ルールを実行管理する機能とステート DB を操作する機能は異なる Contract に分割します。図 10.13 のように、ルールを実行管理する「ロジック Contract」からステート DB を操作する「データ操作 Contract」にアクセスするように設計すれば、ルールの変更時にロジック Contract のみの更新が可能となります。ロジック Contract はデータ操作 Contract を更新することなく既存のステート DB へのアクセスを継続することができます。

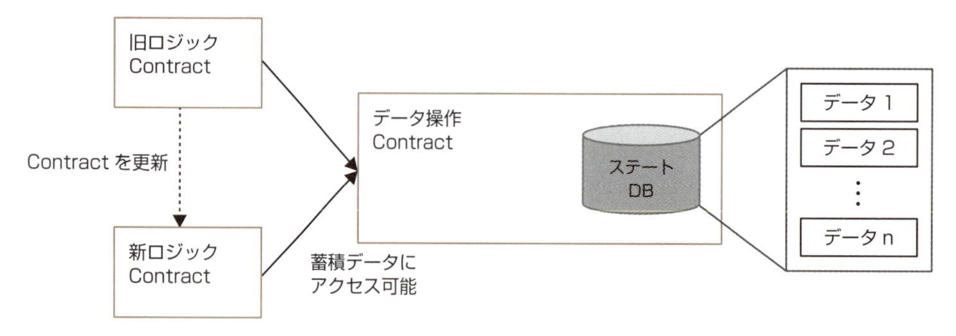

図 10.13　ステート DB が継続されるイメージ

一方、Hyperledger Fabric では、プラットフォームが図 10.14 の「ステート DB 操作 API」を提供し、これがステート DB を操作するクラスに相当します。Chaincode にはルールを実行管理するクラスを実装し、ロジックとデータ操作の分離を実現します。図 10.14 のように、Chaincode の更新前後で共通のステート DB 操作 API が利用可能であり、データ操作に影響を与えずロジックのみを更新することができます。

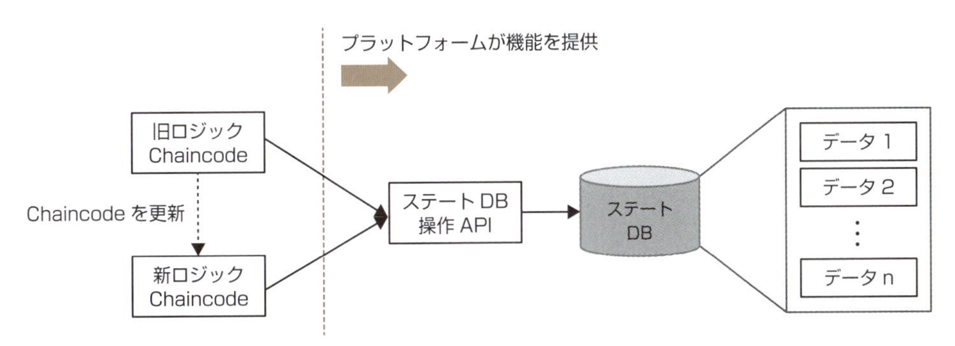

図 10.14　Hyperledger Fabric のスマートコントラクト更新

3.3　保守を考慮した機能の配置

ここまでは、スマートコントラクトがステート DB のデータを操作するための絶対的なルールであることを説明しました。これは、ブロックチェーンのプラットフォームがステート DB を操作するための唯一の手段としてスマートコントラクトのみを許可していることを意味し、保守の場面においても同様です。ステート DB に登録したデータを修正したいと考えた場合、データを修正するスマートコントラクトの処理要求をトランザクションとして発行し、そのトランザクションをブロックチェーンに記録することでしかステート DB の値を変更することができません。これは、ブロックチェーンがトレーサビリティを保証することを考えると納得のいくことです。

そのため、スマートコントラクトの設計では、業務要件から抽出する機能に加え、保守として必要な登録・参照・更新・削除の機能を含めなければなりません。

さらに、スマートコントラクトのアップグレードが不可である Ethereum では、古いスマートコントラクトの利用を停止する機能を用意します。配置したスマートコントラクトは、プログラム内に脆弱性が発見された場合においても、スマートコントラクトそのものを消去することができず、新しいスマートコントラクトで上書きすることもできません。図 10.15 のように、スマートコントラクトを、ルールを管理実行する Contract とステート DB を操作する Contract に分割した場合、新しくルールを管理実行する Contract を配置すると、2 つの Contract からアクセス可能となります。

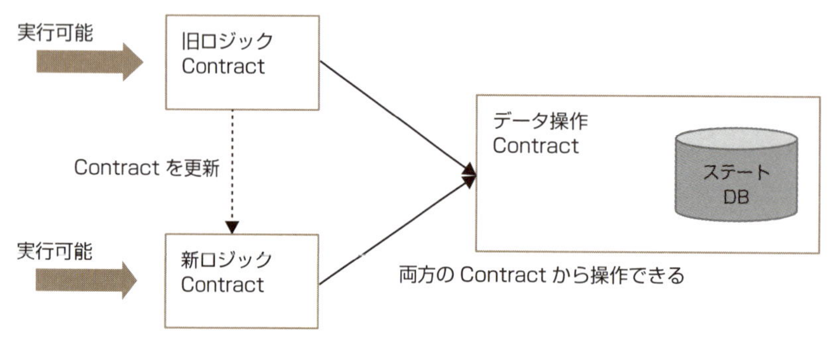

図 10.15　旧ロジック Contract からもステート DB が操作できる

このことを意識し、スマートコントラクトには必要最低限の機能を実装し、プログラムを単純化すること、十分なテストを実施して配置することなどの基本事項を守り、それでも脆弱性が発見された場合に備えてスマートコントラクトを外部から呼出しできないような仕組みを用意します。仕組みの例を図 10.16 に示します。Contract には、コントラクト登録者だけが設定可能な権限を持つ利用可能フラグを定義し、Contract の全ての機能は利用可能フラグを参照して実行可能かどうかを判定します。

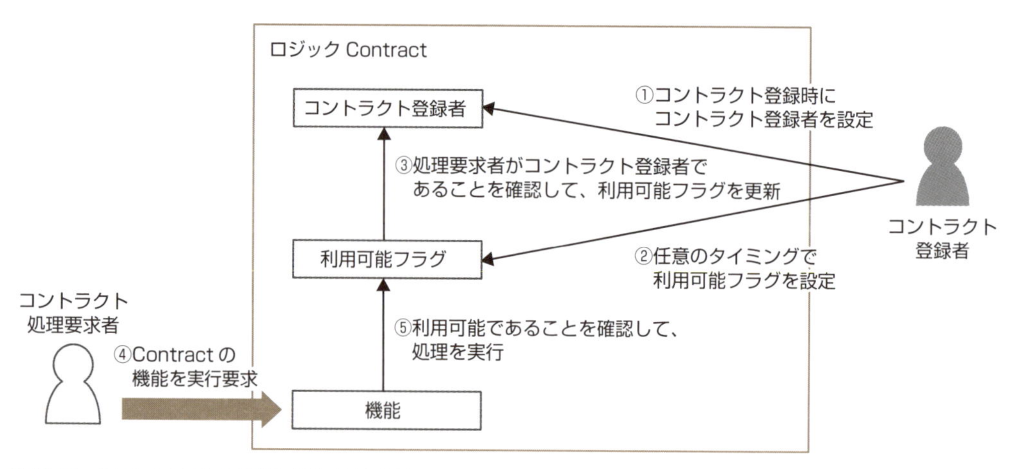

図 10.16　旧コントラクトの利用を停止する仕組み

この処理の実装例をリスト 10.1 に示します。まず、管理者アカウント administrator (7 行目) と、実行可能フラグ availableFlag (8 行目) を用意します。

function SimpleAuction (10-13 行目) はコンストラクタであり、Contract の登録時に実行されます。コンストラクタでは、Contract の登録者を管理者アカウントに設定し、実行可能フラグを true に初期設定します。

function bid（15-24 行目）の先頭では、availableFlag のチェックを行い、true の場合に function 内の処理を実行します。

function setAvalilableFlag（26-32 行目）は、function bid を実行可能にするかどうかの設定を行います。setAvailableFlag の処理は、管理者アカウント（administrator）に設定した Contract 登録者のみが実行可能であり、古い Contract を停止する場合に実行します。

リスト 10.1　Contract 実行権限の制御例

```
1 pragma solidity ^0.4.11;
2
3 contract SimpleAuction {
4   address public highestBidder;
5   uint public highestBid;
6
7   address public administrator;
8   bool public availableFlag;
9
10  function SimpleAuction() {
11      administrator = msg.sender;
12      availableFlag = true;
13  }
14
15  function bid() public payable returns(int) {
16      if(availableFlag == false) {
17          return -2;
18      }
19      if (highestBid > msg.value) {
20          return -1;
21      }
22      highestBidder = msg.sender;
23      highestBid = msg.value;
24  }
25
26  function setAvailableFlag(address account) returns(int) {
27      if(msg.sender != administrator) {
28          return -1;
29      }
30      availableFlag = false;
31      return 0;
32  }
33 }
```

3.4 まとめ

スマートコントラクトのクラス設計のポイントをまとめると、次のとおりです。

- 1 つのルールは 1 回のスマートコントラクトの実行で完結する（複数のスマートコントラクトの呼出しにまたがらない）
- 必要最低限の処理で機能を構成し、不必要に複雑化しない
- データエンティティを整理してステート DB の単位を決定し、ステート DB の単位に合わせる
- ルールの実行・管理と、ステート DB の操作機能に分割する
- 保守に必要な機能を含める

4 トランザクションの設計

4.1 トランザクション実行のシミュレーション

トランザクション実行はブロックへの格納を待って処理が完了するため、ブロックチェーンへのデータの登録処理は非効率になりがちです。トランザクションを効率よく処理するためにはシミュレーション実行を設計に組み込みます。

ブロックチェーンが発行したトランザクションは、プラットフォームが定める規格として正しければ、ブロックへの格納対象とみなされます。そのため、図10.17のように、スマートコントラクトの処理結果が正常終了やエラー終了にかかわらず、トランザクションデータは必ずブロックへ記録されます。

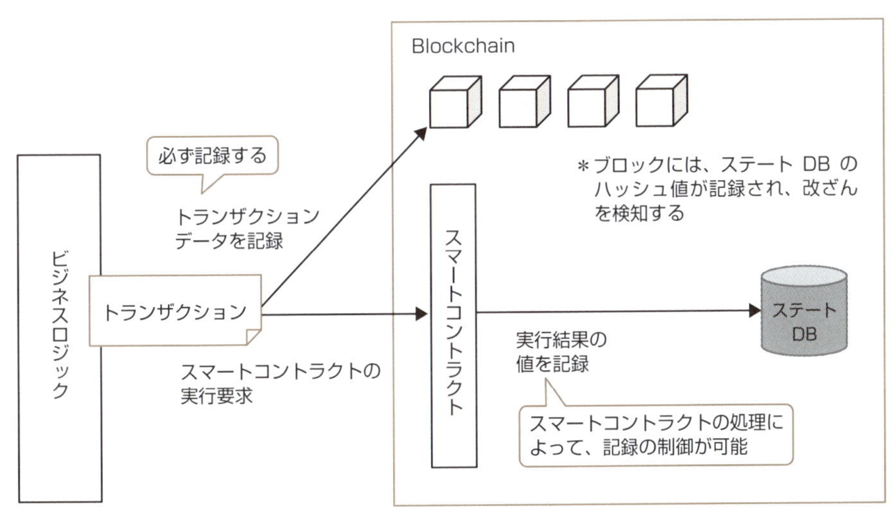

図10.17 トランザクションデータの記録

これはブロックチェーンの特徴であるトレーサビリティを担保するために、全ての取引を記録していることに関係しています。しかし、従来のシステムでは、ビジネスロジックで業務エラーが発生した場合に、その処理要求を記録していたかというと、必ずしもそうではありません。スマートコントラクト内で業務エラーが頻繁に発生する場合、ブロックチェーンがトランザクションを処理するコストは軽視できません。そのため、業務エラーが発生する場合、トランザクション処理を実行しない対応が必要になります。また、処理時間の点から考えても、トランザクションがブロックに格納されるのを待って業務エラーの結果を受け取るよりも、早い段階で検知したいと考えるはずです。

このような理由により、ビジネスロジックからトランザクションを発行する際、事前にシミュレーションを実行し、そのトランザクションが有効であるかを検証してから、実際にトランザクションを発行する方法が有効です。これにより、業務エラーが発生するような無効なトランザクションの実行とブロックの生成処理を事前に防ぐことができます。

シミュレーションを実行する場合の処理フローを図10.18に示します。

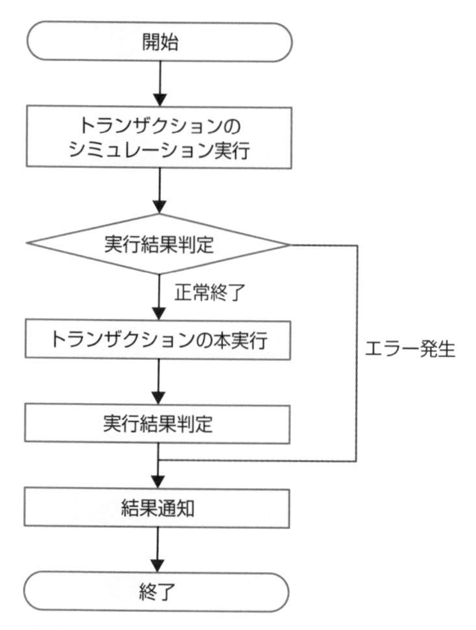

図10.18　シミュレーション実行時のフローチャート

シミュレーション実行では、ステートDBへの登録は行わず、参照のみを行い、本実行でブロックに記録します。本実行の結果は、本実行要求とは別の処理要求を発行して確認します。そのシーケンスを図10.19に示します。

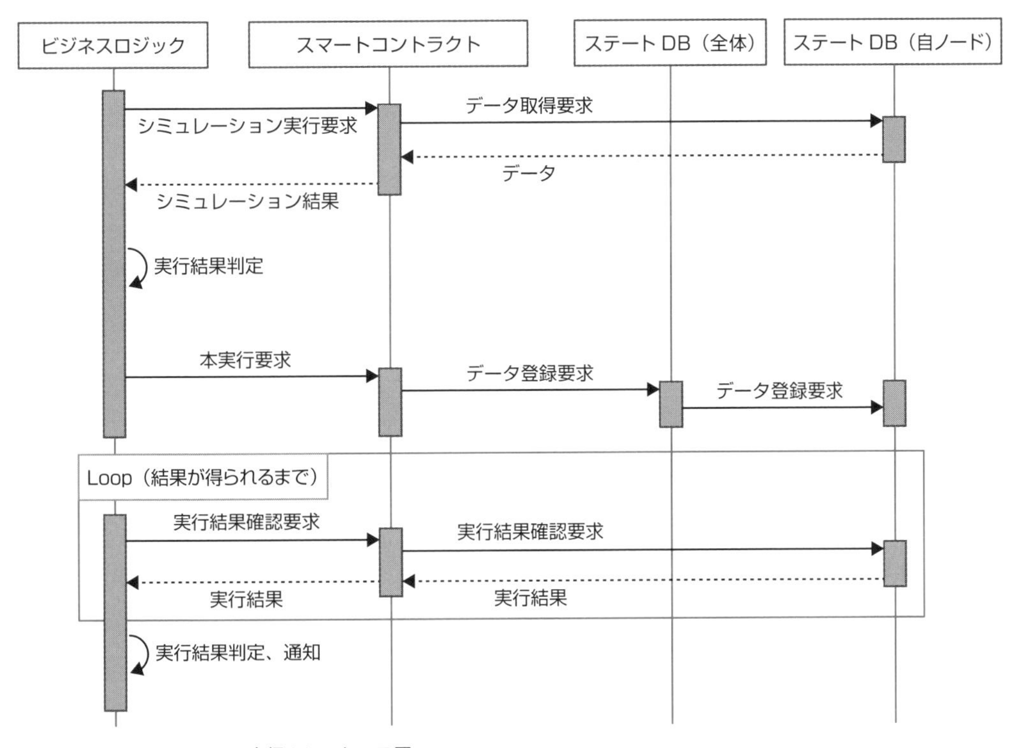

図 10.19 シミュレーション実行のシーケンス図

シミュレーション実行と本実行は分離しているため、その間にほかのトランザクションが処理される可能性があります。それによって、シミュレーション実行の結果が正常終了であっても、本実行でエラーとなる場合があることに留意し、本実行時のエラーハンドリング処理を実装することを覚えておきましょう。シミュレーション実行では、ある時点における単独トランザクションの実行ですが、本実行では複数のトランザクションが同時に実行されます。例えば、残高が 80 円の時点において、50 円をマイナスするトランザクションが 2 つあるとします。単独のトランザクションではどちらも正常に終了しますが、同時に 2 つのトランザクションが実行された場合、1 つ目に実行されたトランザクションは正常に終了し、2 つ目に実行されたトランザクションはマイナス残高となるためにエラーを返します。

シミュレーション実行で検知するエラーと、本実行で検知するエラーの種類は異なり、図 10.20 のように役割を分担します。

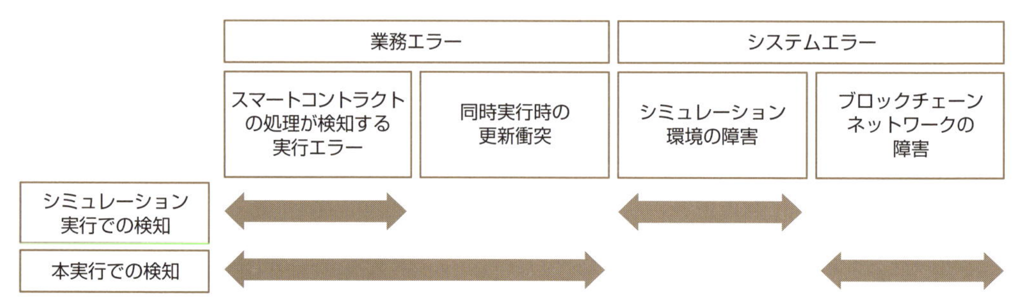

図 10.20　シミュレーション実行と本実行が扱うエラーの種類

Ethereum の場合、シミュレーションを実行するために、ビジネスロジックにて Ethereum が提供する参照用の API を使用します。そして、シミュレーション結果として成功が得られた後、本実行を行います。ここで注意すべきは、シミュレーション結果と本実行の結果は必ずしも一致しないということです。

Hyperledger Fabric の場合、トランザクションフローにシミュレーション実行が組み込まれています。トランザクションは endorsing peer にてシミュレーション実行された後、その実行結果を orderer に送信して本実行を行います。このため、ビジネスロジックでは、通常のトランザクションフローを実装すればよいです。Hyperledger Fabric では、本実行が正常に終了したのであれば、本実行の結果はシミュレーション結果と必ず一致します。

Column　Ethereum と Hyperledger Fabric での シミュレーション結果の扱い

Ethereum と Hyperledger Fabric では、シミュレーション実行の位置づけが異なります。Ethereum でのシミュレーション結果は、あくまでもシミュレーションを実行した時点での結果であり、本実行の結果はシミュレーション実行結果と同じになるとは限りません。これは、Ethereum ではシミュレーション実行と本実行でトランザクション処理を 2 回実行しなければならないためです。もし仮に、シミュレーション実行と本実行の間に別のトランザクションが処理された場合には、実行時の状態が異なるため、同じ結果が得られるとは限りません。

一方、Hyperledger Fabric では、トランザクション処理が行われるのはシミュレーション実行時の 1 回のみです。シミュレーション実行結果には実行時点の情報が含まれ、本実行はシミュレーション実行時点の情報と現在の情報が同じであれば結果を登録し、異なれば破棄します。Hyperledger Fabric にはこのような一連の処理がトランザクション処理フローの仕様として組み込まれているため、シミュレーション実行結果の内容で処理されるか、トランザクション自体が破棄されるかのいずれかとなります。処理された場合にはシミュレーション実行結果と同じ内容であることが保証されています。

4.2 トランザクションの分離

第4章2節「ACID特性」で説明したように、ブロックチェーンへのトランザクション発行が1トランザクションの単位です。トランザクションには、スマートコントラクトの1つのFunction実行を指定し、Function内で処理されるステートDBの更新が全て処理されるか、全く処理されないかのいずれかです。スマートコントラクトのFunctionはトランザクションの単位を考慮して設計します。

システム全体を見た場合には、オフチェーンのデータベースとステートDBを扱うビジネスロジックのトランザクションの単位についても考慮します。データベースとステートDBの更新処理は、同一トランザクションとして処理することはできません。そのため、次のどちらの方針を採用するかを決定する必要があります。

- データベースの値を変更してからステートDBの値を変更する
- ステートDBの値を変更してからデータベースの値を変更する

これは従来のシステムでも、他システムにデータの登録・更新要求を出す場合に、分離するトランザクションについて実行の順番を検討していたことと同じです。ステートDBのデータは、ブロックチェーンの参加者に即時に共有されます。ほかの参加者がステートDBの変更の通知を受けてすぐに後続の処理を進める場合には、「データベースの値を変更してからステートDBの値を変更する」方針を採用し、データベースの値を確定させてからほかの参加者に通知するためにステートDBの値を変更します。この場合、図10.21のように、データベースの値を変更した後、ステートDBの処理結果を待ってから変更を確定させることができます。

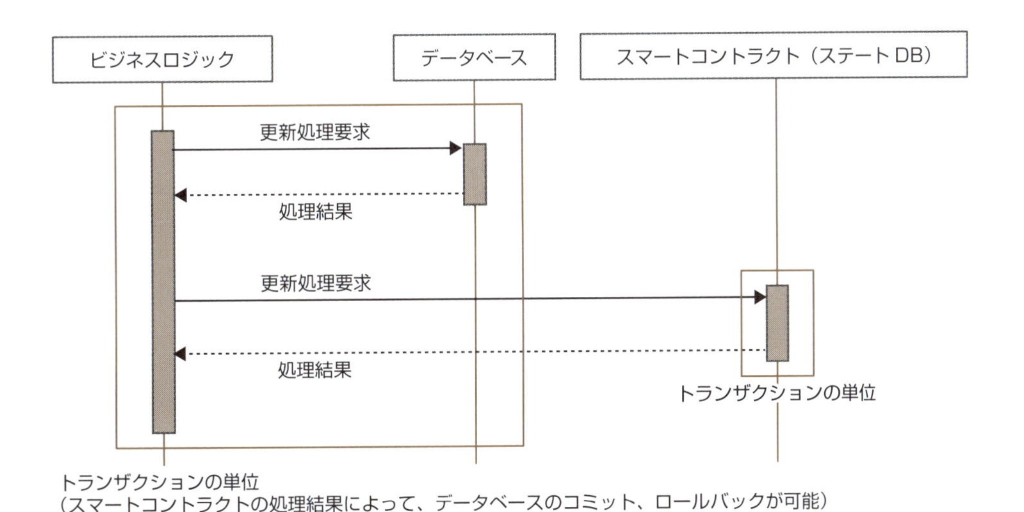

図10.21　データベースとステートDBのトランザクションの範囲

一方、参加者と共有データの変更を確定させた状態で、自システムの処理を行う必要がある場合は「ステートDBの値を変更してからデータベースの値を変更する」方針を採用します。しかし、自システムの処理においてデータベースを正しく更新できなかった場合には、ステートDBの値を元に戻す必要があるので、状態を戻すことが業務的に可能であることを確認しなければなりません。

また、ステートDBの値は直接変更できないため、スマートコントラクトには、戻し処理や取消処理を想定したFunctionを実装しておくことが重要です。

ポイントは、次のとおりです。

- データベースとステートDBのトランザクション処理は別トランザクションであり、トランザクションの実行順序を決定する
- ステートDBのデータは即時に参加者全員で共有されるため、一度更新した内容を取り消すことが業務的に可能かどうかを確認する
- スマートコントラクトには、ステートDBの戻し処理や取消処理を想定したFunctionを実装する

4.3　排他制御

第3章4節「二重取引防止の仕組み」で説明したように、スマートコントラクト実行時に、トランザクションの排他制御の仕組みは、プラットフォームの内部で実行されます。仮に二重処理が発生してしまう場合に備え、プラットフォームは、後に実行された処理が無効となるような仕組みを持っています。そのため、開発者は、スマートコントラクトの実装において排他制御を意識する必要はありません。

5 エラーハンドリング

トランザクション処理の実行時、スマートコントラクトで発生したエラーは、アプリケーションのビジネスロジックでエラーハンドリングします。エラーハンドリングの実装箇所は、図10.22で示す2箇所です。

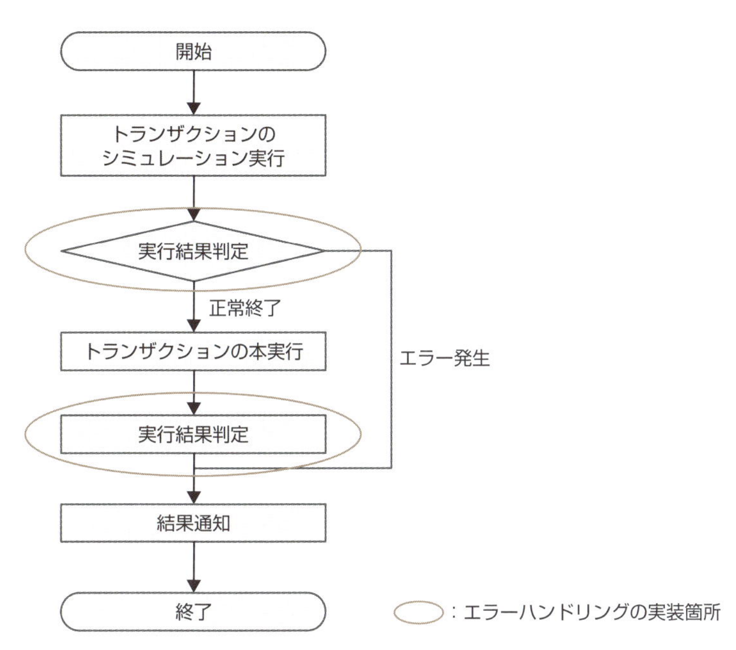

図10.22　エラーハンドリングの実装箇所

1つ目はシミュレーション実行結果の判定箇所、もう1つは本実行結果の判定箇所です。

5.1 シミュレーション実行、本実行の結果判定方法

シミュレーション実行では、実行要求の応答に実行結果が含まれるため、即時に確認することができます。これは、スマートコントラクトが自ノードのステートDBに対して処理を実行することでシミュレーション実行を完了することができるためです。ビジネスロジックではシミュレーション実行要求の応答を確認して、エラーが返却された場合には、クライアントにエラーを通知し、本実行を中止するように実装すればよいでしょう。

一方、本実行では実行要求の結果を即時に確認することができません。これは、スマートコントラクトの処理結果はブロックに記録する必要があり、ブロックがネットワーク全体で合意されるのを待たなければならないためです。ビジネスロジックは本実行要求を実行した後に、結果を確認するためにブロックを監視するように実装します。

5.2 Ethereumではeventログを確認

Ethereumの場合、トランザクションを実行するとトランザクションIDを返し、即時に実行結果を受け取ることはできません[注1]。Contractでは、エラー発生時の通知をeventログに出力するように実装し、eventログの内容はトランザクションの実行結果としてブロックに記録されます。ビジネスロジックでは、トランザクションIDをキーにしてブロックに記録されたeventログを確認し、トランザクションの実行結果を確認します。リスト10.2は、eventログを出力するContractの実装例です。function bid（17-27行目）の中で、eventログとして、ErrorLog("error")を呼び出しています。このeventログは、トランザクションが確定した時点で、トランザクション情報の1項目としてブロックに記録されます。

リスト10.2　Ethereumでのeventログ出力の実装例

```
1 pragma solidity ^0.4.11;
2
3 contract SimpleAuction {
4   address public highestBidder;
5   uint public highestBid;
6
7   address public administrator;
8   bool public availableFlag;
9
10  function SimpleAuction() {
11      administrator = msg.sender;
12      availableFlag = true;
13  }
14
15  event ErrorLog(string errorMessage);
16
17  function bid() public payable returns(int) {
18      if(availableFlag == false) {
19          return -2;
```

注1　トランザクションを実行してトランザクションIDを取得するのは、トランザクション実行用のWeb APIを実行した場合のみで、参照用のWeb APIを実行した場合、Contractの戻り値を取得することができます。

```
20        }
21        if (highestBid > msg.value) {
22            ErrorLog("error");
23            return -1;
24        }
25        highestBidder = msg.sender;
26        highestBid = msg.value;
27    }
28
29    function setAvailableFlag(address account) returns(int) {
30        if(msg.sender != administrator) {
31            return -1;
32        }
33        availableFlag = false;
34        return 0;
35    }
36 }
```

リスト 10.3 は、トランザクション ID をキーにトランザクションの実行結果を確認するコマンドの実行例です。Ethereum が提供するコマンド（eth.getTransactionReceipt）を使用して、トランザクションの詳細情報を確認することができます。この中の logs - data 項目に表示されるデータが実装した event ログの内容です。data 項目に表示されている'6572726f72' は ASCII コードで'error' です。

リスト 10.3 event ログを確認するコマンド例

```
> eth.getTransactionReceipt("0x8990c6c7c4f46e41dd1140bc36929aceff966f6d01f654a218349f4a8ec
b584b")
{
  blockHash: "0x27e081e9974547c32ecd052df89eb1d0453052716f12660511df97f96fc3e06b",
--- 省略 ---
  logs: [{
      address: "0x50c3b40fdc21f548b2f88e0629ebc0206e097d70",
      blockHash: "0x27e081e9974547c32ecd052df89eb1d0453052716f12660511df97f96fc3e06b",
      blockNumber: 59330,
      data: "0x000000000000000000000000000000000000000000000000000000000000002000000000000
0000000000000000000000000000000000000000000000000056572726f72000000000000000000000000000
000000000000000000000000000",
      logIndex: 0,
      removed: false,
      topics: ["0xfe46ad7cf507184ab42d7a2576647d779ff7bc7f831bfbead75fbe056c1adb63"],
```

```
      transactionHash: "0x8990c6c7c4f46e41dd1140bc36929aceff966f6d01f654a218349f4a8ecb58
4b",
      transactionIndex: 0
  }],
--- 省略 ---
  transactionHash: "0x8990c6c7c4f46e41dd1140bc36929aceff966f6d01f654a218349f4a8ecb584b",
  transactionIndex: 0
}
```

Column logs - data 項目の確認方法

logs - data には、event ログに出力したデータが 16 進数のバイトコードで表示されます。表示構造にルールがあり、その読み方について説明します。

リスト 10.3 では data 項目は「0x0000000000000000000000000000000000000000000000000000000000000020000000000000000000000000000000000000000000000000000000000000000056572726f72000000000000000000000000000000000000000000000000000000」です。Ethereum のフォーマット形式で保存されているため、デコードします。まずは、値を 32 ビット単位に分解します。

data：

```
0x00000000000000000000000000000000000000000000000000000000000000200
0000000000000000000000000000000000000000000000000000000000000056572
726f72000000000000000000000000000000000000000000000000000000
```

↓ **分解**

```
0000000000000000000000000000000000000000000000000000000000000020
0000000000000000000000000000000000000000000000000000000000000005
6572726f72000000000000000000000000000000000000000000000000000000
```

分解すると、

'0000000000000000000000000000000000000000000000000000000000000020',
'0000000000000000000000000000000000000000000000000000000000000005',
'6572726f72000000000000000000000000000000000000000000000000000000'
の 3 つになります。

1 つ目は、ログの開始位置を 16 進数で示しています。' 20' であるため、この値以後から、32bit の地点がログの開始位置です。

2 つ目は、ログの文字列の長さを 16 進数で示しています。ログの長さは 5bit です。

3 つ目は、event ログの文字列です。先頭（data の先頭から 32bit の地点）から 5bit を取得すると' 6572726f72' であり、これは ASCII コードで' error' です。

5.3 Hyperledger Fabric では SDK の結果を確認

Hyperledger Fabric の場合、トランザクションの本実行には SDK を使用します。ブロックに記録された Chaincode の実行結果は、peer から SDK が受け取ります。アプリケーションは SDK の戻り値から実行結果を判断することができます。

6　その他のアーキテクチャ設計

システム設計で欠かせないことの1つに、バックアップの運用設計があります。ブロックチェーンは大きな特性として、ネットワーク参加者が同じデータを共有しているため、ある参加者のノードが停止しても、ほかのノードのデータを後から同期することができるという回復性の高さが挙げられます。そのため、基本的には、ブロックチェーンとしてデータのバックアップ運用を考慮することはありません。

また、ブロックチェーン・プラットフォームの外でブロックチェーンのデータをバックアップ保管し、障害復旧後にバックアップデータをプラットフォームに取り込み、ほかのノードから最新ブロックの差分を同期するというリカバリ方法も可能です。ブロックが大量にあり、かつ全てのブロックをゼロから同期するとなった場合には、ブロックの同期に時間がかかってしまいます。そのときは、バックアップからある程度のブロック高までを復旧し、最新ブロックまでの差分をほかのノードから同期するほうが、効率がよくなるでしょう。

最後に、システム全体として注意しなければならないのは、ブロックチェーン以外のデータベースやアプリケーションサーバーのバックアップ運用です。これらは従来どおり、忘れずに考慮に入れておきましょう。

第11章

設計の実例

本書の結びとして、ごく簡単なシステムの設計例をご紹介します。概要だけですが、ブロックチェーンを構成要素として組み込むことで、シンプルかつ信頼性の高いシステムを構築できることが、よくわかります。本書で学んだことを思い出しながら、システムの設計の要点に思いを巡らせてください。

1　ポイント発行／取引管理システム

ここでは、独自ポイントの発行と取引を行う「ポイント管理システム」の設計例を紹介します。図11.1のように、管理者がポイントを発行し、利用者間でポイントを移動し、利用履歴を照会します。

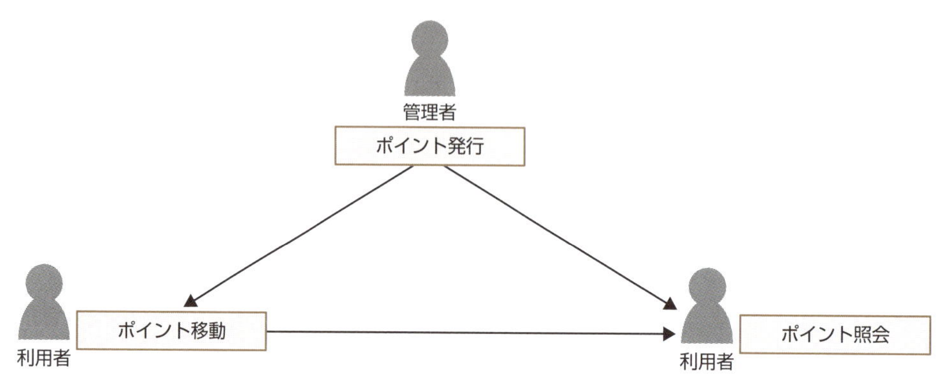

図11.1　ポイント管理システム機能イメージ

1.1　システム構成

これから説明する設計例では、プラットフォームを特定していません。EthereumやHyperledger Fabricなどのプラットフォームの選択によってプログラムの実装は異なりますが、基本的な方針は同じです。

システムの構成を図11.2に示します。クライアントには、iOSやAndroidなどのスマートフォン端末を想定します。画面操作によりクライアントから送信された処理要求をWebAPサーバーが受け付け、データベースとブロックチェーンにアクセスして業務処理を実行し、結果を返します。ブロックチェーンへのアクセスはビジネスロジックがWeb APIを経由して行います。

オフチェーンのデータベースとステートDB、ビジネスロジックとスマートコントラクトの役割分担を示し、構成要素ごとの設計のポイントについて確認していきます。

※ スマートフォンアプリにプレゼンテーションロジックを含めています。

図 11.2 システム構成

1.2 データベースとステート DB

システム全体で管理するデータを図 11.3 に示します。

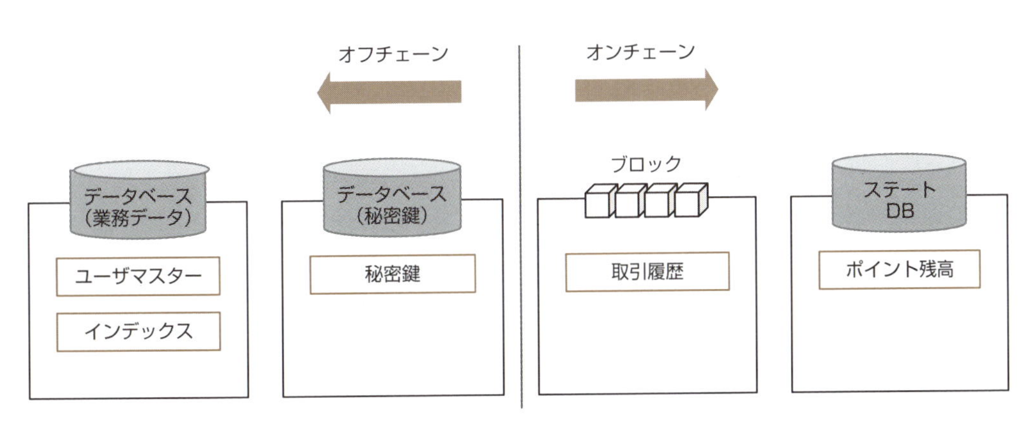

図 11.3 管理データの配置

オンチェーンのステート DB では、ポイントの残高を管理します。ブロックチェーンのプラットフォームがポイントの取引を改ざんされることなく、過去の全ての履歴を管理します。

一方、オフチェーンのデータベースでは、ポイントの取引と直接関連しないデータを管理します。WebAP サーバーは複数のクライアント端末から要求を受け付けるため、利用者を識別するためのユーザマスター情報（利用者 ID、パスワード、利用者属性）を管理します。また、ブロックチェーンでは全ての取引記録を管理するため、その中から特定の利用者のデータを識別するためのインデックス情報（利用者 ID、トランザクション ID）を管理します。トランザクション ID はブロックチェーンとデータベースで同じ値を管理し、利用者ごとの取引履歴を確認する場合には、データベースから利用者ごとのトランザクション ID の一覧を取得してブロックチェーンから取引履歴の一覧を取得します。

最後に、ブロックチェーンを活用する場合に管理しなければならないデータとして、ブロックチェーンのアカウントを特定する秘密鍵があります。ブロックチェーンには秘密鍵を使用してアクセスするため、ブロックチェーンの外で管理し、漏洩対策についても検討します。この事例では、ユーザマスター情報やインデックス情報と分離したデータベースで秘密鍵を管理しています。データベースを分離することでユーザ情報との関連を切り離し、かつそれぞれのデータ管理者を分離することで漏洩対策としています。

1.3　スマートコントラクト記述

ステート DB では、ポイント残高を管理するため、スマートコントラクトにポイント残高を操作する機能を実装します。つまり、ポイントの発行機能と移動機能です。リスト 11.1 及び 11.2 は、Ethereum での実装例です。データを操作する contract Storage とルールを実行する contract User に分割し、Storage には単純なデータ操作機能のみを実装することで、アップグレードによるデータの初期化を回避します[注1]。

Storage は User からの実行のみ許可するために、Storage の userContractAddress 変数に User のコントラクトアドレスを設定します。Storage の実行ユーザが userContractAddress 以外であれば、イベントにログを出力して処理を中断します。ルールの変更により User をアップグレードする場合は、userContractAddress を更新することで、アップグレード後の User からの実行のみ許可するように変更することができます。userContractAddress を設定できるのは、Storage の登録者です。

リスト 11.1　データを操作するクラスの実装例

```
pragma solidity ^0.4.11;

contract Storage {
  /* コントラクト管理者 */
  address private administrator;

  /* Userコントラクトアドレス */
  address private userContractAddress;
```

注 1　データ操作とルール実行を別々の contract に実装する例として、意図的に 2 つの contract に分離して説明しました。実装する機能は、ポイントの発行機能と移動機能のみの一般的なものであり、1 つの contract にまとめても問題ありません。この後のコラム記事に、1 つの contract での実装例を記載していますので参照してください。

```
/* ユーザとポイント残高のマッピング */
mapping (address => uint256) balance;

/* エラーイベント */
event StorageError(string message);

/* コンストラクタ */
function Storage() public {
    administrator = msg.sender;
}

/* ユーザの保持金額を設定する */
function setBalance(uint256 amount, address account) public returns(int256) {
    // 権限チェック
    if(msg.sender != userContractAddress) {
        StorageError("User not authorized at setBalance");
        return -1;
    }

    balance[account] = amount;
    return int256(balance[account]);
}

/* ユーザの保持金額を取得する */
function getBalance(address account) public constant returns(int256) {
    // 権限チェック
    if(msg.sender != userContractAddress) {
        StorageError("User not authorized at getBalance");
        return -1;
    }

    return int256(balance[account]);
}

/* UserContractAddressを設定する */
function setUserContractAddress(address account) public returns(int256) {
    // 権限チェック
    if(msg.sender != administrator) {
        StorageError("User not authorized at setUserContractAddress");
        return -1;
    }

    userContractAddress = account;
```

```
        return 0;
    }
}
```

リスト 11.2　ルールを実行管理するクラスの実装例

```
pragma solidity ^0.4.11;

/* Storageコントラクトの定義情報*/
contract Storage {
  function setBalance(uint256,address) public returns(int256);
  function getBalance(address) public constant returns(int256);
}

contract User {
  /* storageコントラクトの呼出し情報*/
  address private storageReg = <storageコントラクトアドレス>;
  Storage private st = Storage(storageReg);

  /* コントラクト管理者 */
  address private administrator;

  /* エラーイベント */
  event UserError(string message);

  /* コンストラクタ */
  function User() public {
      administrator = msg.sender;
  }

  /* ポイントチャージ（発行）する */
  function charge(uint256 chargeAmount, address account) public returns(int256) {

    // 実行者が管理者以外なら、処理を中止
    if(msg.sender != administrator) {
        UserError("User not authorized at charge");
        return -1;
    }

    // Storageコントラクトから残高を取得
    int256 result = st.getBalance(account);
```

```
  // エラーコード (-1) を返す場合は、処理を中止
  if (result < 0) return result;

  // 残高にチャージ分を加算
  uint256 amount = uint256(result);
  amount += chargeAmount;

  // Storageコントラクトに加算した残高を設定
  result = st.setBalance(amount, account);

  return result;
}

/* ポイント移動する */
function send(uint256 sendAmount, address toAccount) public returns(int256) {

  // 送信元のアカウントを取得
  address fromAccount = msg.sender;

  // Storageコントラクトから送信元残高を取得
  int256 result = st.getBalance(fromAccount);

  // エラーコード (-1) を返す場合は、処理を中止
  if (result < 0) return result;

  uint256 fromAmount = uint256(result);

  // 残高不足なら、処理を中止
  if(fromAmount < sendAmount) {
      UserError("balance is not enough");
      return -1;
  }

  // 送信元残高を減算
  fromAmount -= sendAmount;

  // Storageコントラクトから送信先残高を取得
  result = st.getBalance(toAccount);

  // エラーコード (-1) を返す場合は、処理を中止
  if (result < 0) return result;

  // 送信先残高に加算
```

```
        uint256 toAmount = uint256(result);
        toAmount += sendAmount;

        // Storageコントラクトに加算した送信先残高を設定
        result = st.setBalance(toAmount, toAccount);

        // エラーコード（-1）を返す場合は、処理を中止
        if (result < 0) return result;

        // Storageコントラクトに減算した送信元残高を設定
        result = st.setBalance(fromAmount, fromAccount);

        return result;
    }
}
```

Column　ポイントの発行機能と移動機能を 1 コントラクトとした場合

リスト 11.1 及び 11.2 の実装例は go-ethereum v1.6 系で動作を確認したものです。go-ethereum v1.7 系以降では、contract User から contract Storage の function を実行すると「Gas Estimation Failed」が発生し、正常に動作しません。今後の go-ethereum のバージョンアップにより contract をまたがる実行時エラーが解消されるかどうかは不明確であり、現時点（2018 年 4 月）において go-ethereum 1.7 系以降をご利用の場合は、下に記載した 1contract での実装例を参照してください。

リスト 11.3　データ操作とルール実行を 1 つにした実装例

```
pragma solidity ^0.4.21;

contract User {
    /* コントラクト管理者 */
    address private administrator;

    /* ユーザとポイント残高のマッピング */
    mapping (address => uint256) balance;

    /* エラーイベント */
    event UserError(string message);

    /* コンストラクタ */
    constructor() public {
```

```
        administrator = msg.sender;
    }

    /* ユーザの保持金額を取得する */
    function getBalance(address account) public view returns(uint256) {
        return balance[account];
    }

    /* ポイントチャージ（発行）する */
    function charge(uint256 chargeAmount, address account) public returns(int256) {
        // 実行者が管理者以外なら、処理を中止
        if(msg.sender != administrator) {
            emit UserError("User not authorized at send");
            return -1;
        }

        // 残高にチャージポイント分を加算して設定
        balance[account] += chargeAmount;

        return int256(balance[account]);
    }

      /* ポイント移動する */
    function send(uint256 sendAmount, address toAccount) public returns(int256) {

        // 残高不足なら、処理を中止
        if(balance[msg.sender] < sendAmount) {
            emit UserError("balance is not enough");
            return -1;
        }

        // 加算した送信先残高を設定
        balance[toAccount] += sendAmount;

        // 減算した送信元残高を設定
        balance[msg.sender] -= sendAmount;

        return int256(balance[msg.sender]);
    }
}
```

1.4 ビジネスロジック記述

ビジネスロジックは、クライアントからの処理要求を受け付け、データベースとブロックチェーンにアクセスして処理を実行します。ビジネスロジックに実装する処理は次のとおりです。

- クライアントからの処理要求を受け付け、ユーザを識別する
- データベースが管理するブロックチェーンの秘密鍵を取得し、Web API を経由してスマートコントラクトを呼び出す
- データベースが管理するトランザクション ID を取得し、Web API を経由してブロックチェーンの履歴データを取得する
- クライアントに処理結果を返す

ポイントの移動処理では残高不足の場合に業務エラーとするため、ブロックチェーンへのアクセスをシミュレーション実行と本実行に分けて実装します。複数のトランザクションを処理する本実行では、一方のトランザクションが残高不足でエラーを発生する場合に備えてエラー処理を実装します。図 11.4 は、ポイント移動処理でのブロックチェーンアクセスを示したシーケンス図です。

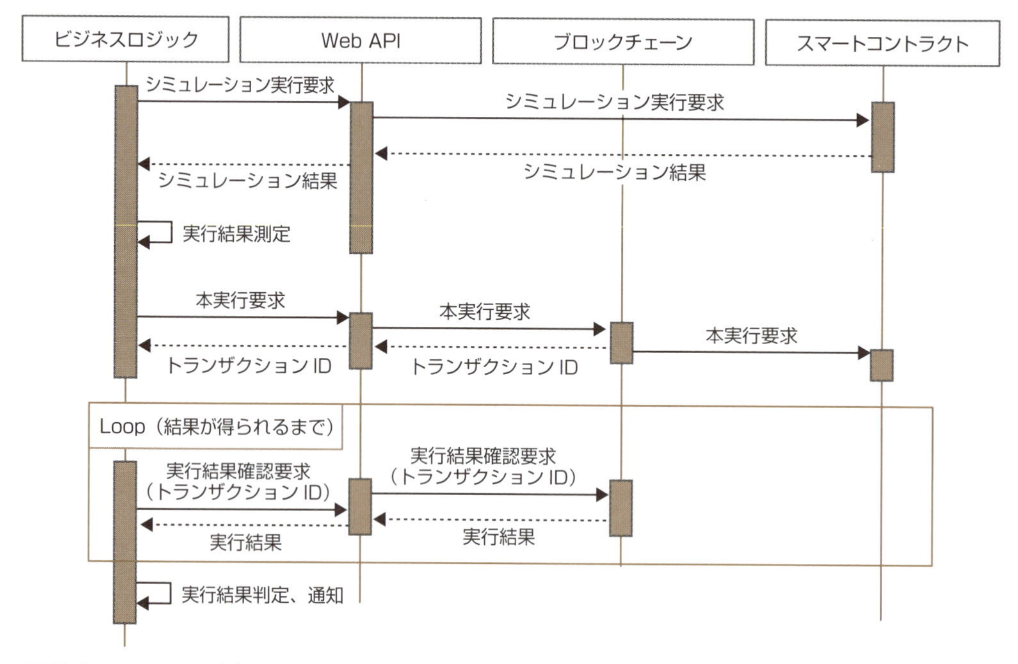

図 11.4　シーケンス図（ブロックチェーンアクセス）

1.5 システム構成の拡張

図 11.2 のシステム構成図に示したブロックチェーンへのアクセス元となる WebAP サーバーは 1 台であり、ネットワークは 1 参加者によって維持されていると読み取ることができます。しかし、本来、ブロックチェーンは複数の参加者がお互いにデータを共有することによる恩恵を受け、そのために参加者全員でネットワークを維持することに特徴があります。つまり、複数の参加者がブロックチェーンサーバーを保有してブロックチェーンネットワークを構築し、それぞれが独自の WebAP サーバーを併設して取引主体が複数存在するシステム構成をとった場合には、ブロックチェーンの特徴である直接取引の実現を表したシステム構成であることがよくわかります。

付録

Ethereum と Hyperledger Fabric の環境構築からスマートコントラクトを実行するまでの手順を紹介します。Ethereum には、①本番用の「ライブネットワーク」、②テスト用の「テストネットワーク」、③独自に構築する「プライベートネットワーク」の 3 種類がありますが、本稿ではこのうち③を対象とします。Ethereum 及び Hyperledger Fabric の手順について、より詳細な解説が必要な方は、それぞれの公式ページ[注1]を参照してください。

注1　Ethereum 公式ページ
< https://github.com/ethereum/go-ethereum/wiki >
Hyperledger Fabric 公式ページ
< http://hyperledger-fabric.readthedocs.io/en/release-1.0/ >

1 Ethereumの手順

本書での検証用に構築した環境は以下のとおりです。詳細なソフトウェアの要件は、Ethereumの公式ページで確認してください。

- ノード用サーバー×2台
  - OS：Ubuntu 16.04 LTS
  - Ethereum実装ソフト：go-ethereum 1.8.2
  - ノード：各サーバーに1つずつ（ノードA、ノードB）
  - アカウント：各ノードに1つずつ
- 開発端末
  - OS：Windows 10
  - Ethereum実装IDE（統合開発環境）：Browser-Solidity v0.6

1.1 ネットワーク構築

最初に、ノードAを構築します。

1.1.1 インストール（ノードA）

任意のユーザでノード用サーバーのOSにログインし、Ethereum実装ソフトをインストールします。Ethereum実装ソフトはgo-ethereum、Parity、cpp-ethereum、pyethereumの4種類があり、その中で最も普及率が高いのが本手順で対象とするgo-ethereumです。Ethereum公式ページ[注2]の手順に従ってインストールします。

1.1.2 ノードのデータディレクトリの作成（ノードA）

ノードとして稼働するために必要なブロックやアカウントなど、Ethereumのデータを格納するためのディレクトリ（ここでは、~/work/test_network_1）を作成します。

```
> mkdir -p ~/work/test_network_1
```

注2　Ethereumのインストール手順
< https://github.com/ethereum/go-ethereum/wiki/Building-Ethereum >

1.1.3 Genesisファイルの作成（ノードA）

ブロックチェーンの1番目のブロックの情報を定義したGenesisファイル（ここでは、~/work/test_network_1/my_genesis.json）を作成します。

```
> cat<<EOF>~/work/test_network_1/my_genesis.json
{
  "config":{
      "homesteadBlock": 0
   },
  "nonce": "0x0000000000000042",
  "timestamp": "0x00",
  "parentHash": "0x0000000000000000000000000000000000000000000000000000000000000000",
  "extraData": "0x00",
  "gasLimit": "0x8000000",
  "difficulty": "0x4000",
  "mixhash": "0x0000000000000000000000000000000000000000000000000000000000000000",
  "coinbase": "0x3333333333333333333333333333333333333333",
  "alloc": {}
}
EOF
```

go-ethereumのインストール時に作成されるGenesisファイルでは、"difficulty（マイニングの難易度）"が大きく、最初のブロック作成に多くの時間がかかります。ネットワーク構築の際にdifficultyに小さい値を設定したGenesisファイルを新規に作成することで、低いスペックのマシンで構築する独自のプライベートネットワークでもブロックの作成が容易になります。なお、ブロックの作成が進むにつれてdifficultyの値は次第にブロックの平均生成時間が12秒程度になるように調整されます。

また、独自のプライベートネットワークを構成する全てのノードで、同じGenesisファイルを設定します。異なるGenesisファイルを設定したノード間では、ノードの接続に失敗します。

1.1.4 データディレクトリの初期化（ノードA）

作成したGenesisファイルを使用して「geth」コマンドを実行し、データディレクトリを初期化します。

```
> geth --datadir ~/work/test_network_1 init ~/work/test_network_1/my_genesis.json
```

【オプション】

- datadir：ノードのデータディレクトリのパス（1.1.2で作成したディレクトリパス）

1.1.5 go-ethereumの起動（ノードA）

「geth」コマンドを実行してEthereumを起動し、JavaScriptが実行できるコンソールを起動します。

```
> geth --networkid "12345" --nodiscover --datadir ~/work/test_network_1 console 2>> ~/
work/test_network_1/geth.log
```

【オプション】

- networkid：参加するネットワークのID（任意の値。参加するノード間で同じ値にする）
- nodiscover：同じネットワークIDに参加しているノードに対して自動で接続しない
- datadir：ノードのデータディレクトリのパス（1.1.20で作成したディレクトリパス）
- console：JavaScriptコンソールを表示する
- 2>>：ログをファイルに出力する

1.1.6 Ethereumアカウントの作成（ノードA）

1.1.5で起動したJavaScriptコンソールを使用して「personal.newAccount」コマンドを実行し、トランザクションの実行やブロックの作成に必要なアカウントを作成します。引数には、作成アカウントのパスワードを指定します。指定したパスワードは覚えておいてください。実行結果として、作成したアカウントのアドレスが表示されます。

```
> personal.newAccount("password")
"<作成したアカウントのアドレス>"
```

1.1.7 マイニングの開始（ノードA）

「miner.start()」コマンドを実行し、ブロックを作成するためのマイニングを開始します。マイニングの状態は「eth.mining」コマンドの実行結果から確認できます。trueが表示されれば、マイニングが開始された状態です。マイニングを行うマイナーアカウントは1ノードにつき1つで、初期設定では、最初に作成したアカウントがマイナーになります。

```
> miner.start()
> eth.mining
```

ここまでで、ノードAの構築が完了です。同様の手順でノードBを構築し、ノードAとノードBを接続してネットワークを構成します。

1.1.8 接続するノードの作成（ノード B）

ノード A を構築した 1.1.1 から 1.1.7 までと同様の手順で、ノード B を構築します。ノードの構築が終わるとノード A とノード B の両方が起動するので、JavaScript コンソールが表示されていることを確認します。

1.1.9 ノード情報の表示（ノード A・ノード B）

ノード A の JavaScript コンソールを使用して「admin.peers」コマンドを実行し、ノード A に接続しているノードを確認します。何も表示されないことから、ノード A に接続しているノードがないことがわかります。

```
> admin.peers
```

「eth.blockNumber」コマンドを実行し、ノード A の現在のブロック高を確認します。

```
> eth.blockNumber
```

ノード B の JavaScript コンソールに切り替え、「eth.blockNumber」コマンドを実行し、ノード B の現在のブロック高を確認します。ノード A とノード B は接続していないため、この時点では blockNumber の値は一致していません。

```
> eth.blockNumber
```

「admin.nodeInfo」コマンドを実行し、ノード B の情報を表示します。ノードへの接続時に指定する enode（"enode://xxxxxxxxxxxxxx@[::]:30303?discport=0"）をコピーしておきます。

```
> admin.nodeInfo
{
  enode: "enode://c00dac96a154023c63bc07a8611d9b0dd8ecb2652ec92868eb8728c0a8847244d74ec780
cc5304bdb770fc5860185cc637d3fa99049dff572dc70d70b12b960d@[::]:30303?discport=0",
  id: "c00dac96a154023c63bc07a8611d9b0dd8ecb2652ec92868eb8728c0a8847244d74ec780cc5304bdb77
0fc5860185cc637d3fa99049dff572dc70d70b12b960d",
  ip: "::",
  listenAddr: "[::]:30303",
  name: "Geth/v1.8.2-stable-b8b9f7f4/linux-amd64/go1.9.4",
  ports: {
```

```
      discovery: 0,
      listener: 30303
    },
    protocols: {
      eth: {
        config: {
          chainId: null,
          eip150Hash: "0x0000000000000000000000000000000000000000000000000000000000000000",
          homesteadBlock: 0
        },
        difficulty: 16384,
        genesis: "0x3b3326d56983eec74bcd3c5757801dcd42e0bf2f169fc0c5d695e28e20f217d7",
        head: "0x3b3326d56983eec74bcd3c5757801dcd42e0bf2f169fc0c5d695e28e20f217d7",
        network: 12345
      }
    }
  }
```

1.1.10 ノードの接続（ノードA・ノードB）

ノードAのJavaScriptコンソールで「admin.addPeer」コマンドを実行し、ノードBに接続します。引数には、1.1.9でコピーしておいたenodeを指定します。

```
> admin.addPeer( “enode:// c00dac96a154023c63bc07a8611d9b0dd8ecb2652ec92868eb8728c0a88472
44d74ec780cc5304bdb770fc5860185cc637d3fa99049dff572dc70d70b12b960d @<ノードBのIPアドレス
>:30303” )
```

ノードBのJavaScriptコンソールに切り替え、「admin.peers」コマンドを実行し、ノードAの情報が表示されることを確認します。これで、ノードAとの接続が確認できました。

```
> admin.peers
[{
    caps: ["eth/63"],
    id: "c00dac96a154023c63bc07a8611d9b0dd8ecb2652ec92868eb8728c0a8847244d74ec780cc5304bdb
770fc5860185cc637d3fa99049dff572dc70d70b12b960d",
    name: "Geth/v1.8.2-stable-b8b9f7f4/linux-amd64/go1.9.4",
    network: {
      inbound: false,
      localAddress: "10.0.0.4:43440",
      remoteAddress: "52.185.151.162:30303",
```

```
      static: true,
      trusted: false
    },
    protocols: {
      eth: {
        difficulty: 16384,
        head: "0x3b3326d56983eec74bcd3c5757801dcd42e0bf2f169fc0c5d695e28e20f217d7",
        version: 63
      }
    }
}]
```

「eth.blockNumber」コマンドを実行し、ノード B とノード A のブロック高が同期されたことを確認します。

```
> eth.blockNumber
```

ここまでで、Ethereum のプライベートネットワークの構築が完了しました。

1.2 Contract の登録

開発端末を使用して Contract を実装し、Ethereum 環境へ配置します。

1.2.1 Browser-Solidity のインストール

Browser-Solidity は Ethereum が公式に提供しているブラウザベースの IDE（統合開発環境）です。Ethereum のスマートコントラクトである Contract の実装言語（Solidity）に対応し、Contract の実装、Ethereum 環境への配置を簡易化します。

Browser-Solidity は 2 種類あります。1 つはオフライン版で、GitHub[注3] から「remix-xxxxx.zip」（xxxxx はバージョンごとに異なる文字列です。最新の安定版を指定してください）を開発端末にダウンロードして取得します。展開したフォルダの index.html を開発端末のブラウザで開いて使用します。もう 1 つはオンライン版で、開発端末のブラウザから、Web サイト[注4] にアクセスします。

注 3　GitHub
< https://github.com/ethereum/remix-ide/tree/gh-pages >

注 4　Web サイトの URL
< https://remix.ethereum.org/ >

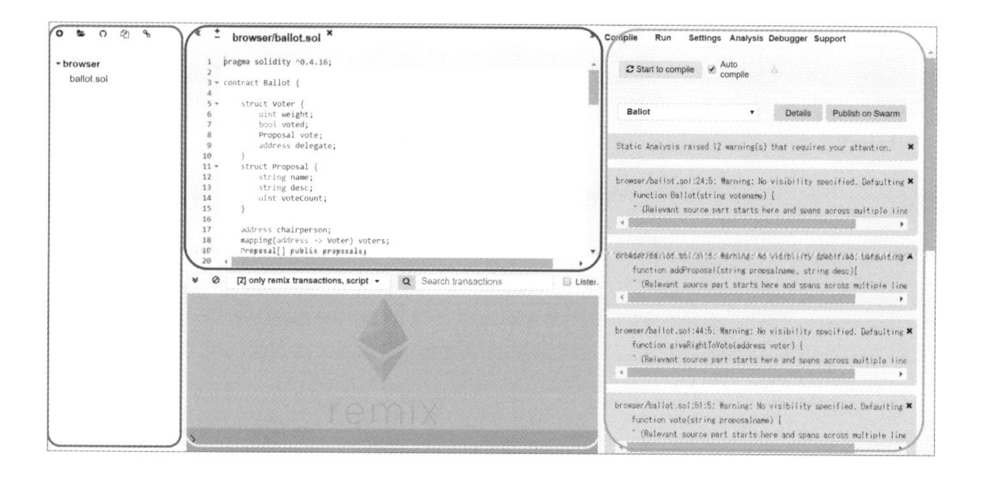

Browser-Solidity 画面全体の役割について解説します。

左側のペインは、Contract を記述したファイルを管理します。ファイルの追加や削除を行うことができます。

中央上段のペインは、Contract ファイルの中身を表示します。ここでプログラムの編集ができます。

中央下段のペインは、コンソールを表示します。Contract の実行時などにログが表示されます。

右側のペインは、Ethereum に対するアクションや設定をします。ここで Contract の登録や実行を行うことができます。

1.2.2 Browser-Solidity 上での Contract の実装

画面の左上のペインの「+」ボタンをクリックして、新しい Contract を作成します。

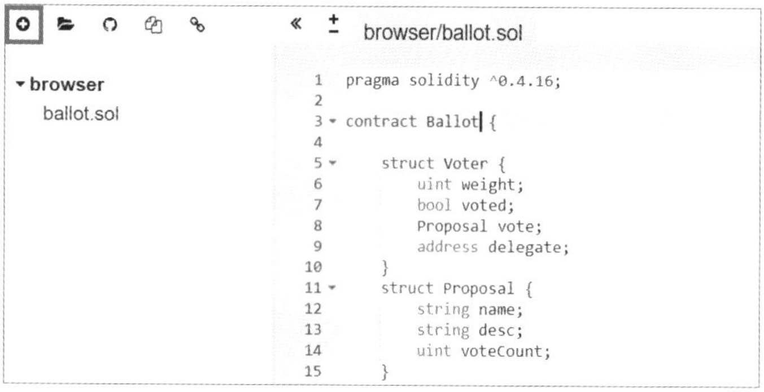

browser/ballot.sol

browser
ballot.sol

```
1  pragma solidity ^0.4.16;
2
3  contract Ballot {
4
5      struct Voter {
6          uint weight;
7          bool voted;
8          Proposal vote;
9          address delegate;
10     }
11     struct Proposal {
12         string name;
13         string desc;
14         uint voteCount;
15     }
```

以下のサンプルコード[注5]を真ん中のペインに貼り付けます。

```
pragma solidity ^0.4.21;
contract SimpleAuction {
    address public highestBidder;
    uint public highestBid;

    function bid() public payable returns(int){
        if (highestBid > msg.value) {
            return -1;
        }
        highestBidder = msg.sender;
        highestBid = msg.value;
    }
}
```

```
«  ±  browser/ballot.sol   browser/Untitled.sol ×                                  »
                        ContractDefinition SimpleAuction ↱   0 reference(s) ⌃ ⌄
 1   pragma solidity ^0.4.21;
 2 ▾ contract SimpleAuction {
 3       address public highestBidder;
 4       uint public highestBid;
 5
 6 ▾     function bid() public payable returns(int){
 7 ▾         if (highestBid > msg.value) {
 8               return -1;
 9           }
10           highestBidder = msg.sender;
11           highestBid = msg.value;
12       }
13   }
```

1.2.3 go-ethereum の再起動（ノード A）

Browser-Solidity からの Contract の登録を許可するために、ノード A の起動オプションを追加して再起動します。

ノード A の JavaScript コンソールを使用して、「exit」コマンドを実行し、ノード A を一時停止します。再度ノード A の起動オプションを追加して「geth」コマンドを実行し、再起動します。

```
> exit
```

注5　Solidity 公式ページ（http://solidity.readthedocs.io/en/develop/solidity-by-example.html#simple-open-auction）で公開されている SimpleAuction の実装例を簡略化したサンプルコードです。

```
> geth --networkid "12345" --nodiscover --rpc --rpcaddr "0.0.0.0" --rpccorsdomain "*"
--mine --datadir ~/work/test_network_1 console 2>> ~/work/test_network_1/geth.log
```

【オプション】

- rpc：RPC接続を許可する
- rpcaddr：RPC接続のIP制限する（例ではIP制限なし）
- rpccorsdomain：RPCのクロスドメインの許可を設定する（例ではドメイン制限はなし）
- mine：起動時にマイニングを開始する

RPC（Remote Procedure Call）は、異なるネットワーク上の端末からの呼出しを実現します。上記のコマンドでは、Browser-Solidityを操作する開発端末からRPCによってContractを登録するために、許可設定を実施しています。セキュリティの観点からは、最低限の許可設定とすることが望ましいです。

1.2.4　ノードAのアカウントロックの解除

Contractは Browser-Solidityからのトランザクション実行によって登録します。トランザクション実行準備として、ノードAにて実行ユーザのアカウントロックを解除しておきます。ノードAのJavaScriptコンソールを使用して、「personal.unlockAccount」コマンドを実行し、アカウントロックを解除します。例では無期限にロックを解除しますが、必要に応じてロック解除の期限を決定してください。

（引数1: ロック対象のアカウントアドレス、引数2: アカウントのパスワード、引数3: ロックの期限）

```
> personal.unlockAccount(<アカウントアドレス>,"password",0)
```

1.2.5　Browser-SolidityからのContractの登録

開発端末のBrowser-Solidityに戻り、右のペインの「Run」タブ >「Enviroment」をクリックし、「web3 provider」を選択します。

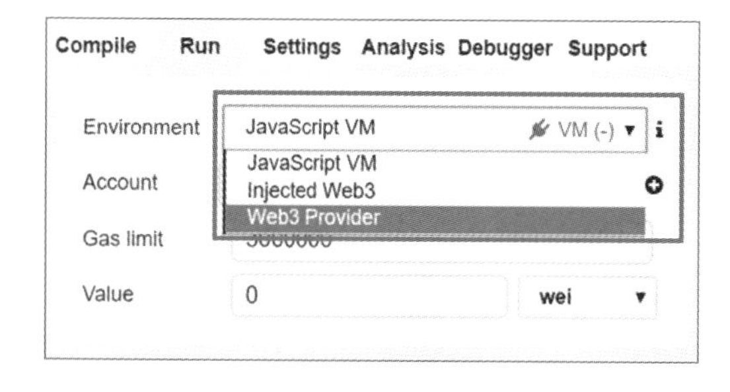

「web3 provider」を選択してから表示される子画面で、「OK」をクリックします。

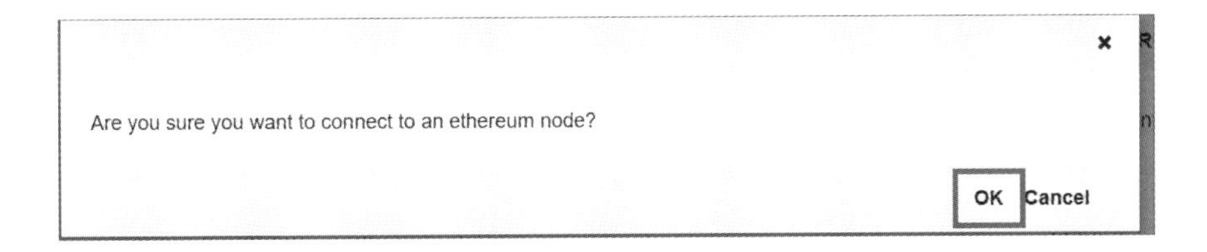

表示される子画面の'localshot'の部分を、接続するノードAのIPアドレスに変更し、「OK」をクリックします。

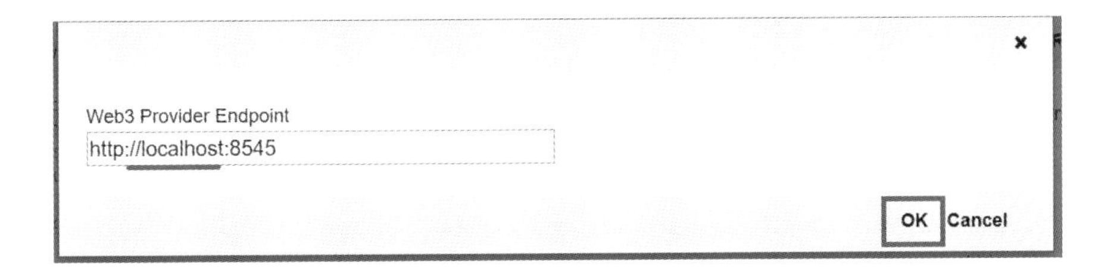

go-ethereumに接続して以下の画面が表示されたら、「Create」ボタンをクリックします。このとき、Browser-SolidityからノードAにトランザクション実行要求が発行され、ブロック作成によりトランザクション実行要求が処理されると、Contractが登録されます。

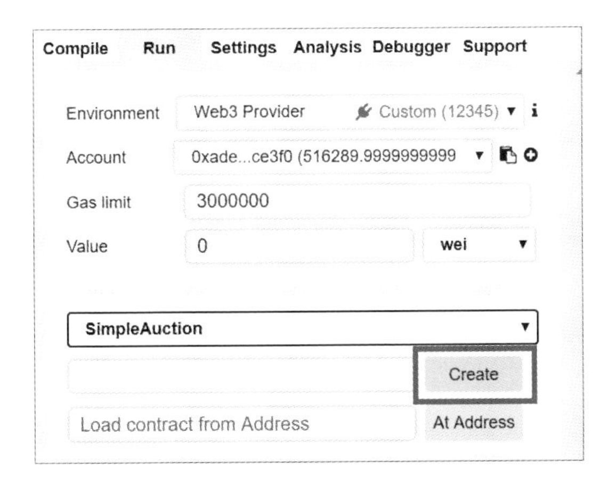

変数のhighestBidder、highestBidとfunctionのbidが表示されれば、登録完了です。

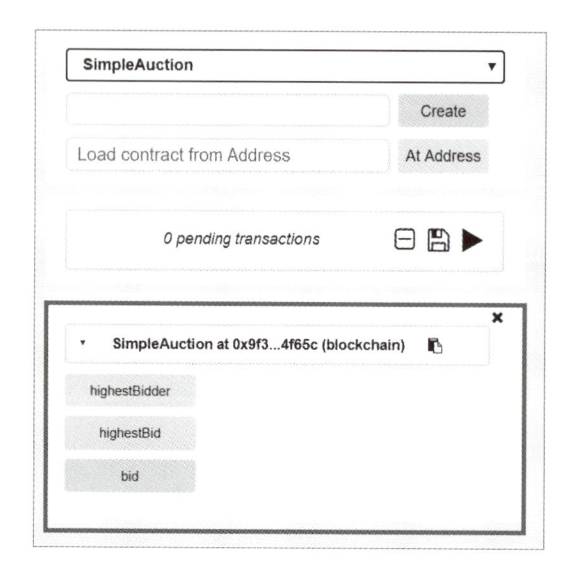

「SimpleAuction at」の後に表示されている「0x…」は、コントラクトアドレスです。コピーアイコンをクリックすると、コントラクトアドレスをコピーすることができます。

1.3 Contractの実行

Contractを実行する3つの方法を記載します。実行する内容は全て同じで、function bidの実行です。

1.3.1 Browser-Solidityでの実行（開発端末）

開発端末のBrowser-Solidityを表示し、右下のペインのhigestBidderとhighestBidボタンから、現在のhighestBidderとhigestBidの状態を確認できます。

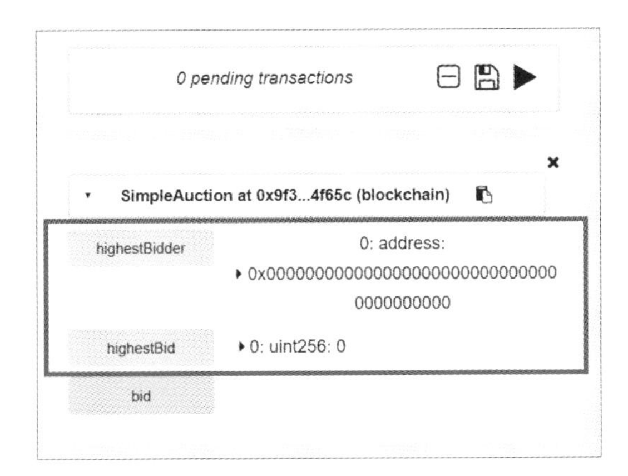

右上のペインにある Value を「1 ether」に設定し、「bid」ボタンをクリックします。

Compile Run Settings Analysis Debugger Support
Environment Web3 Provider Custom (12345)
Account 0xade...ce3f0 (516309.9999999999
Gas limit 3000000
Value 1 ether
SimpleAuction
Create
Load contract from Address At Address
0 pending transactions
SimpleAuction at 0x9f3...4f65c (blockchain)
highestBidder 0: address:
0x0000000000000000000000000000000
0000000000
highestBid 0: uint256: 0
bid

実行中は、中段のペインに「1 pending transactions」と表示されます。

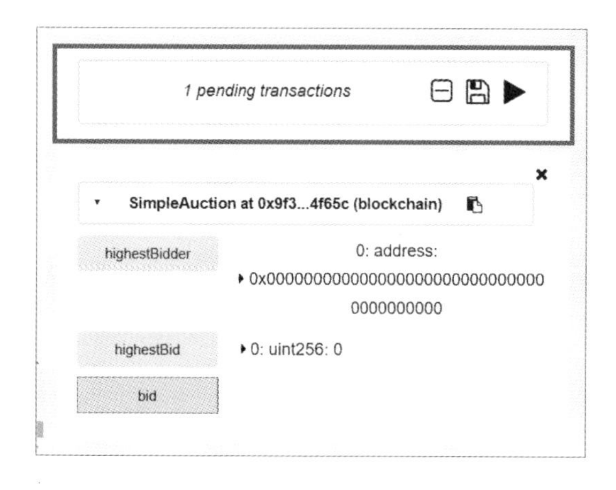

ブロックが作成され実行が完了すると、中段のペインは「0 pending transactions」となります。highestBidder と highestBid ボタンをクリックすると、更新された値が表示されます（1ether は 1000000000000000000wei であり、highestBid は wei 単位で登録されます）。

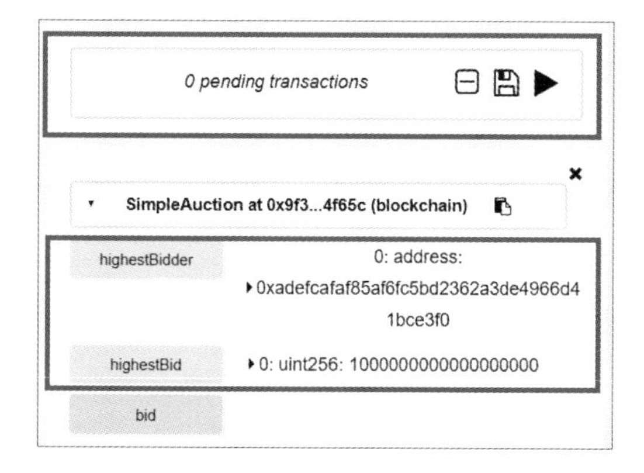

1.3.2 JavaScript API での実行（ノード A）

ノード A の JavaScript コンソールを使用して、「eth.sendTransaction」コマンドを実行し、トランザクション実行要求を発行します。実行結果として、トランザクション ID が表示されます。

```
> eth.sendTransaction({from:"0xadefcafaf85af6fc5bd2362a3de4966d41bce3f0",to:"0x9f3896d
cd6ec763ddddfde0b9bb45da5cff4f65c",data:web3.sha3("bid()").substring(0,10),value:web3.
toWei(3,"ether")})
"0x07dab1c4538f55d8d3804e9923f75ba0b49c9831e3e0fe22d04ee5deadd0f7e6"
```

【パラメータ】

- from：実行するアカウントアドレス
- to：コントラクトのアドレス（1.2.5 でコピーしたアドレス）
- data：function 名と function の引数。function bid は引数がないため、' bid()' のハッシュ文字列化した先頭の 5 バイト分の文字列のみを指定する
- value：送金する ether の量。例では 3ether を指定する

トランザクション実行時に取得したトランザクション ID を指定して「eth.getTransaction」コマンドを実行することで、トランザクションの実行状態を確認できます。「blockNumber」に値が入っていれば、トランザクションの実行要求はそのブロック作成により処理が完了したことを示しています。

```
> eth.getTransaction("0x07dab1c4538f55d8d3804e9923f75ba0b49c9831e3e0fe22d04ee5deadd0f7e6")
{
  blockHash: "0x5e2ad2d095f1d70bb76c21fa034f03c1641ce5777078e2ade269037303983e60",
  blockNumber: 103368,
  from: "0xadefcafaf85af6fc5bd2362a3de4966d41bce3f0",
  gas: 90000,
  gasPrice: 18000000000,
  hash: "0x07dab1c4538f55d8d3804e9923f75ba0b49c9831e3e0fe22d04ee5deadd0f7e6",
  input: "0x1998aeef",
  nonce: 9033,
  r: "0x5845ffc34e27eb20dc5791ffff9fe64b996f862e2d07a4be036618b2238493a5",
  s: "0x4cda01096e04173bdd6af0e412e7793185ec6687f216bc520334ab47d47c22f3",
  to: "0x9f3896dcd6ec763ddddfde0b9bb45da5cff4f65c",
  transactionIndex: 0,
  v: "0x1c",
  value: 3000000000000000000
}
```

【パラメータ】

- トランザクション ID（トランザクション実行コマンドの結果から取得したトランザクション ID）

「eth.call」コマンドを実行し、highestBidder と highestBid の値を確認します。値は 16 進数で返却されます。

```
> eth.call({to:"0x9f3896dcd6ec763ddddfde0b9bb45da5cff4f65c",
data:web3.sha3("highestBidder()").substring(0,10)})
"0x000000000000000000000000adefcafaf85af6fc5bd2362a3de4966d41bce3f0"
> eth.call({to:"0x9f3896dcd6ec763ddddfde0b9bb45da5cff4f65c",
data:web3.sha3("highestBid()").substring(0,10)})
"0x00000000000000000000000000000000000000000000000029a2241af62c0000"
```

【パラメータ】

- to：コントラクトのアドレス
- data：変数名をハッシュ文字列化した先頭の 5 バイト分の文字列を指定する

JavaScriptAPI の詳細は Ethereum の wiki[注6] から確認することができます。

1.3.3 JSON RPC API での実行 (ノード A)

JSON RPC のプロトコルに則ってトランザクション実行要求を発行します。ノード A でコマンドラインを起動し、go-ethereum の API である「eth_sendTransaction」メソッドを「curl」コマンドから実行します。実行結果の"result" として、トランザクション ID が表示されます。

```
> curl -H "Content-Type: application/json" --data '{"jsonrpc":"2.0","method":"eth_sendTr
ansaction","params":[{"from":"0xadefcafaf85af6fc5bd2362a3de4966d41bce3f0","to":"0x9f3896
dcd6ec763ddddfde0b9bb45da5cff4f65c","data":"0x1998aeef","value":"0x4563918244F40000"}],"
id":1}' http://localhost:8545

{"jsonrpc":"2.0","id":1,"result":"0x7480d3868615affbef2cbf147062a2739d111c4a090ed3c8af656e
025114ba61"}
```

【パラメータ】

- jsonrpc：2.0 を指定する
- method：呼び出したい JSON RPC のメソッドを指定する。例では「eth_sendTransaction」を指定する

注6　Ethereum の wiki
< https://github.com/ethereum/wiki/wiki/JavaScript-API >

- params：配列形式で指定する。オブジェクト形式で、JavaScript APIで指定したパラメータと同じく、"from"、"to"、"data"、"value"を指定する。ただし、"value"は16進数化した文字列を指定する。例では5etherを指定している
- id：任意の値を指定する
- コマンドの最後に接続先go-ethereumのURLを指定する

「eth_getTransactionByHash」メソッドを実行し、トランザクションの実行状態を確認できます。「blockNumber」に値が入っていれば、トランザクションの実行要求はそのブロック作成により処理が完了したことを示しています。

```
> curl -H "Content-Type: application/json" --data '{"jsonrpc":"2.0","method":"eth_getTran
sactionByHash","params":["0x7480d3868615affbef2cbf147062a2739d111c4a090ed3c8af656e025114
ba61"], "id":1}' http://localhost:8545

{"jsonrpc":"2.0","id":1,"result":{"blockHash":"0x1a42c7f2537446f29c0e297eb1434ceef2f2267a
af1d4f83203d63ccc1a71414","blockNumber":"0x1949a","from":"0xadefcafaf85af6fc5bd2362a3de4
966d41bce3f0","gas":"0x15f90","gasPrice":"0x430e23400","hash":"0x7480d3868615affbef2cbf1
47062a2739d111c4a090ed3c8af656e025114ba61","input":"0x1998aeef","nonce":"0x234a","to":"0
x9f3896dcd6ec763ddddfde0b9bb45da5cff4f65c","transactionIndex":"0x0","value":"0x456391824
4f40000","v":"0x1c","r":"0x86e919999c28394a16768c10713fd21b190a14c681c13be926403040d65b47a
b","s":"0x4c2b3a31b33bf4814214c7956cce744fc2eaee057461d799ee2a7805cb7939eb"}}
```

【パラメータ】

- jsonrpc：2.0を指定する
- method：呼び出したいJSON RPCのメソッドを指定する。例では「eth_getTransactionByHash」を指定する
- params：配列形式で指定する。JavaScript APIで指定したパラメータと同じく、トランザクションIDを指定する
- id：任意の値を指定する
- コマンドの最後に接続先go-ethereumのURLを指定する

「eth_call」メソッドを実行し、highestBidderとhighestBidの値を確認します。値は"result"として16進数で返却されます。

```
> curl -H "Content-Type: application/json" --data '{"jsonrpc":"2.0","method":"eth_call",
"params":[{"to":"0x9f3896dcd6ec763ddddfde0b9bb45da5cff4f65c","data":"0x91f90157"},
"latest"],"id":1}' http://localhost:8545

{"jsonrpc":"2.0","id":1,"result":"0x000000000000000000000000adefcafaf85af6fc5bd2362a3de496
6d41bce3f0"}

> curl -H "Content-Type: application/json" --data '{"jsonrpc":"2.0","method":"eth_call",
"params":[{"to":"0x9f3896dcd6ec763ddddfde0b9bb45da5cff4f65c","data":"0xd57bde79"},
"latest"],"id":1> }' http://localhost:8545

{"jsonrpc":"2.0","id":1,"result":"0x0000000000000000000000000000000000000000000000000456391
8244f40000"}
```

【パラメータ】

- jsonrpc：2.0 を指定する
- method：呼び出したい JSON RPC のメソッドを指定する。例では「eth_call」を指定する
- params：配列形式で指定する。配列の 1 番目に、オブジェクト形式で、JavaScript API で指定したパラメータと同じく、"to"、"data" を指定する。配列の 2 番目には、どの時点のブロックにある情報を取得するかを指定する。例では、"latest" を指定しており、最新ブロックの情報を取得することを意味する。100 番目のブロックの情報を取得したい場合は、16 進数文字列で"0x64" と指定する
- id：任意の値を指定する
- コマンドの最後に接続先 go-ethereum の URL を指定する

JSON RPC API の詳細は Ethereum の wiki[注7] から確認することができます。

注7　Ethereum の wiki
< https://github.com/ethereum/wiki/wiki/JSON-RPC >

2 Hyperledger Fabric の手順

本書の検証用に構築した環境は以下のとおりです。詳細なソフトウェア要件は、Hyperledger Fabric の公式ページで確認してください。

- ノード用サーバー×１台
  - OS：Ubuntu 16.04 LTS
  - Hyperledger Fabric 実装ソフト：Hyperledger Fabric 1.0.6
  - Docker コンテナ：fabric-ca1 コンテナ、orderer1 コンテナ、peer1 コンテナ
  - ノード：fabric-ca × 1、orderer × 1、peer × 1
  - ユーザ：admin（管理者）、user1（一般）

2.1 ネットワーク構築の準備

2.1.1 前提となるソフトウェアのインストール

GitHub[注8] で公開されているツールを使用して、環境構築に必要なソフトウェア（Docker、Docker-compose、git、Python、Node.js）をインストールします。

sudo 権限のあるユーザでログインし、任意のディレクトリでツールを実行します。

```
> curl -O https://hyperledger.github.io/composer/latest/prereqs-ubuntu.sh
> chmod u+x prereqs-ubuntu.sh
> ./prereqs-ubuntu.sh
```

インストールしたソフトウェアを有効にするため、再度ログインします。

2.1.2 サンプルスクリプトの取得

GitHub[注9] で公開されている Hyperledger Fabric が提供するサンプルスクリプト群（Org の設定ファイル、証明書の設定ファイル、Docker 設定ファイル、実行ユーザの作成スクリプト、Chaincode 実行スクリプトなど）を任意のディレクトリに取得します。

注8　GitHub で公開されているツール
＜ https://hyperledger.github.io/composer/prereqs-ubuntu.sh ＞

注9　GitHub で公開されているサンプルスクリプト
＜ https://github.com/hyperledger/fabric-samples.git ＞

```
> git clone https://github.com/hyperledger/fabric-samples.git
> cd fabric-samples
```

2.1.3 Docker イメージの取得

GitHub[注10]で公開されているHyperledger Fabricが提供するDockerイメージ（CA、orderer、peerなど）と、チャネル作成やChaincodeの登録などに必要なツール群（cryptogen、configtxgen、peerなど）を一括で取得します。ツール群は、fabric-samples/binディレクトリに配置されます。

```
> curl -sSL https://goo.gl/kFFqh5 | bash -s 1.0.6
```

2.1.2でサンプルスクリプト群の取得に指定した任意のディレクトリパスを、環境変数のPATHに追加します。

```
> export PATH=<fabric-samplesのパス>/bin:$PATH
```

2.2 ネットワーク構築

2.2.1 Docker コンテナの作成とチャネル /Chaincode の登録

2.1.2で取得したサンプルスクリプト群にあるfabcarディレクトリに移動し、Dockerコンテナの作成、チャネル（チャネルID:mychannel）の登録とサンプルChaincode（ChaincodeID:fabcar）を登録するスクリプトを実行します。スクリプトにはチャネルID、ChaincodeIDが明示的に指定され、2.1.2で取得したサンプルスクリプトやDockerイメージを組み合わせて処理を実行します。

```
> cd fabcar
> ./startfabric.sh
```

ここまでで、Hyperledger Fabricのネットワークの構築が完了しました。

注10 GitHubで公開されているDockerイメージ
< https://goo.gl/kFFqh5 >

2.3 Chaincode の実行

Chaincode を実行するには、Node.js SDK と Java SDK の 2 つの方法がありますが、ここでは、Node.js SDK[注 11] を使用する方法について記載します。Java SDK の使用方法は GitHub で確認してください。

2.3.1 SDK のインストール

2.1.2 で取得したサンプルスクリプト群に含まれる「package.json」ファイルに、実行ユーザの作成、Chaincode の実行に必要な SDK が記載されているので、Node.js のパッケージマネージャーである npm からインストールします。

```
> npm install
```

2.3.2 実行ユーザの作成

2.1.2 で取得したサンプルスクリプトを使用し、まず一般ユーザの作成権限を持つ管理者ユーザ (admin) を作成します。次に、admin で、Chaincode を実行する一般ユーザ (user1) を作成します。以降の手順で使用するサンプルスクリプトでは、user1 で Chaincode を実行しています。

```
> node enrollAdmin.js
> node registerUser.js user1
```

2.3.3 Chaincode の実行（参照）

2.1.2 で取得した fabric-samples/fabcar/query.js（参照系の Chaincodefunction を呼び出すサンプル）を編集し、呼び出す function を' queryCar' 、引数を [' CAR4'] に変更します。

```
> vi query.js
```

```
const request = {
  //targets : --- letting this default to the peers assigned to the channel
  chaincodeId: 'fabcar',
  fcn: 'queryCar',
```

注 11 GitHub で公開されている Java SDK
< https://github.com/hyperledger/fabric-sdk-java >

```
  args: ['CAR4']
};
```

query.jsを実行します。実行結果は、「{"colour":"black","make":"Tesla","model":"S","owner":"Adriana"}」となります。

```
> node query.js
```

2.3.4 Chaincodeの実行（更新）

2.1.2で取得したfabric-samples/fabcar/invoke.js（更新系のChaincode functionを呼び出すサンプル）を編集し、呼び出すfunctionを'changeCarOwner'、引数を['CAR4','Dave']に変更します。

```
> vi invoke.js
```

```
> var request = {
  //targets: let default to the peer assigned to the client
  chaincodeId: 'fabcar',
  fcn: 'changeCarOwner',
  args: ['CAR4', 'Dave'],
  chainId: 'mychannel',
  txId: tx_id
};
```

invoke.jsを実行します。

```
> node invoke.js
```

更新結果を確認するため、function 'queryCar'を呼び出すquery.jsを再度実行します。実行結果は、「{"colour":"black","make":"Tesla","model":"S","owner":"Dave"}」となります。

```
> node query.js
```

おわりに

本書では、ブロックチェーンを活用したシステムを設計するための考え方を説明してきました。「ブロックチェーンを活用する」とは、システムの構成要素が1つ増えることを意味し、従来であればデータベースなどで管理していたデータの一部がブロックチェーンで管理されるようになります。そして、ブロックチェーンが管理するデータへのアクセスを保護するルールとして、スマートコントラクトの概念が加わります。システムの構成要素が新しく加わることで、従来からの構成要素との役割分担を考える必要性が生まれます。本書では、ブロックチェーンの仕組みを紐解くことによって、システム全体においてブロックチェーンが担う役割を整理しました。

本書で扱ったBitcoin、Ethereum、Hyperledger Fabricのほかにも多くのブロックチェーン基盤技術（プラットフォーム）が存在し、それらは異なるアーキテクチャを備えています。そして、ブロックチェーン基盤技術はまだまだ発展途上であり、日々新しいアーキテクチャについての検討が行われ、今後もアーキテクチャは変化していくと考えられます。

特に、エンタープライズ領域での利用を目指すプラットフォームにおいては、スループットやセキュリティの向上が見込まれます。また、異なるブロックチェーンのネットワーク同士を繋ぐ「インターレッジャー」の機能についても実装が進んでおり、異なるプラットフォームが管理するデータの相互連携が進展すると思われます。適用範囲の広がりと共に、それぞれの技術ごとに多方面に発展を遂げようとしています。それらを活用するシステムの設計では、プラットフォームの選択と、その仕組みに合ったシステム全体設計が求められるようになります。

私がブロックチェーンを活用するシステムを構築するうえで必要と考えることの1つは、本書で述べた「ブロックチェーンの仕組みを理解し、システム構成要素に機能を落とし込むこと」です。そしてもう1つは、「ブロックチェーンで繋がる先のシステムをイメージすること」です。

これまでも、API（Application Programming Interface）など、システム同士が繋がる仕組みは存在し、現在でも異なる企業のシステムを連携したエコシステムが構築され、これまでになかった新しい価値を利用者に提供しています。ブロックチェーンも同様に、エコシステムを構築するための主要な技術の1つです。「参加者全員が同じ台帳を保有し、全員が記録しあう」、「取引は当事者間で行われ、それを監視する管理者は居ない」、「管理するデータはスマートコントラクトのルールに従い、自律的に状態を遷移させる」といった特徴が、これまでにない形のエコシステムを生み出すかもしれません。

本書の中で、「ブロックチェーンの中と外のどちらに配置するか？」について解説しましたが、ブロックチェーンの中に配置するものの決定は、このようなシステム同士の連携をイメージできていないと難しく、ブロックチェーンで繋がるシステムがデータをどう活用するのかについてイメージを巡らせることが重要だと考えています。そもそも、「システム設計のためにブロックチェーンによるシステム間の繋がりを考える」というより、「ブロックチェーンによってシステム同士がどう繋がり、そこからどのような価値が生まれるか」というように考えることの方が楽しいと思いますが、みなさんはいかがでしょうか？

●参考文献一覧

- アンドレアス・M・アントノプロスほか著『ビットコインとブロックチェーン――暗号通貨を支える技術』エヌティティ出版、2016年7月
- "Bitcoin: A Peer-to-Peer Electronic Cash System"　https://bitcoin.org/bitcoin.pdf
- peryaudo作「bitcoinのしくみ」　http://bitcoin.peryaudo.org/index.html
- "Ethereum White Paper"　https://github.com/ethereum/wiki/wiki/White-Paper
- Gavin Woodほか "ETHEREUM: A SECURE DECENTRALISED GENERALISED TRANSACTION LEDGER BYZANTIUM VERSION"　https://ethereum.github.io/yellowpaper/paper.pdf
- "Ethereum Homestead Documentation"　http://www.ethdocs.org/en/latest/
- "Solidity Documentation"　https://solidity.readthedocs.io/en/latest/
- "Hyperdedger Fabric Documentation"　http://hyperledger-fabric.readthedocs.io
- Justin Ramos and Prasanna Pendse "BLOCKCHAIN: WHAT' S ALL THE FUSS ABOUT?" ThoughtWorks.　https://www.slideshare.net/JustinRamos8/blockchain-whats-all-the-fuss-about
- "Peer-to-Peer Energy Transaction and Control" Microgrid Intelligence System for Energy built on Ethereum, TRANSACTIVEGRID.　https://www.slideshare.net/JohnLilic/transactive-grid

●著者・監修者プロフィール

中村誠吾 (Nakamura Seigo)

日本ユニシス（株）所属。日本ユニシスグループのアプリケーション開発標準であるMIDMOST for Java EE Maia／.NET Marisの開発に携わり、金融・製造流通など様々な分野でのシステム開発にアプリケーションアーキテクチャ策定担当として参画。2016年よりブロックチェーン技術の調査・評価を開始し、ブロックチェーンを活用したシステムの開発を主導。

中越恭平 (Nakagoe Kyohei)

日本ユニシス（株）所属。入社以来、アプリケーション開発におけるサーバーサイドとフロントエンドの設計・開発を担当。2016年よりブロックチェーン技術の調査・評価を開始。Ethereum及びHyperledger Fabricを使用したシステム開発プロジェクトに複数参加し、システム全体の設計・開発を担当。

牧野友紀 (Makino Tomonori)

日本ユニシス（株）所属。XML、Webサービスなどインターネットを介したアプリケーション間の通信技術に黎明期から携わり、顧客業務へ適用など各種プロジェクトで実用化を主導。2016年よりブロックチェーンを活用した新しいサービスの企画・立上げに従事。

宮﨑英樹 (Miyazaki Hideki)

日本ユニシス（株）所属。おもちゃ券（現・こども商品券）事業の立上げに参画。1993年より金融部門にてクレジット関連システムの企画・開発に従事し、2016年より業種横断の新規ビジネス企画及びブロックチェーン関連ビジネスの企画・立上げに従事。

Index

索引

記号・数字

A

B

C

D

E

H

I

N

O

P

S

U

W

あ

い

え

お

か

き

こ

さ

し

す

へ

ほ

ま

み

め

ゆ

り

れ

簡易電子版の閲覧方法

本書の内容は簡易電子版コンテンツ（固定レイアウト）の形でも閲覧することができます。

・簡易電子版コンテンツのご利用は、本書 1 冊につきお一人様に限ります。
・閲覧には、専用の閲覧ソフト（無料）が必要です。この閲覧ソフトには、Windows 版、iOS 版、Android 版がありますが、Mac 版はありません。ご了承ください。

◆ 簡易電子版の閲覧手順

弊社のサイトで「引換コード」を取得した後、コンテン堂のサイトで電子コンテンツを取得してください（コンテン堂はアイプレスジャパン株式会社が運営する電子書籍サイトです）。

① 弊社の『電子コンテンツサービスサイト』（http://rictelecom-ebooks.com/）にアクセスし、［新規会員登録（無料）］ボタンをクリックして会員登録を行ってください（会員登録にあたって、入会金、会費、手数料等は一切発生しません）。過去に登録済みの方は、②へ進んでください。

② 登録したメールアドレス（ID）とパスワードを入力して［ログイン］ボタンをクリックします。

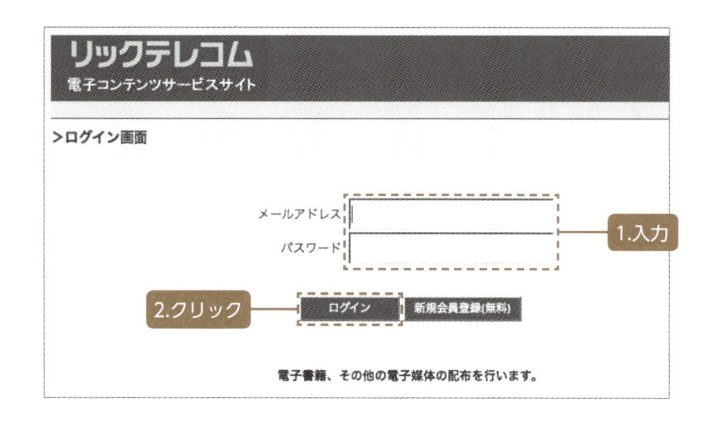

③『コンテンツ引換コード取得画面』が表示されます。

(*) 別の画面が表示される場合は、右上の［コード取得］アイコンをクリックしてください。

④ 本書巻末の袋とじの中に印字されている「申請コード」（16 ケタの英数字）を入力してください。その際、ハイフン「-」の入力は不要です。次に、[取得] ボタンをクリックします。

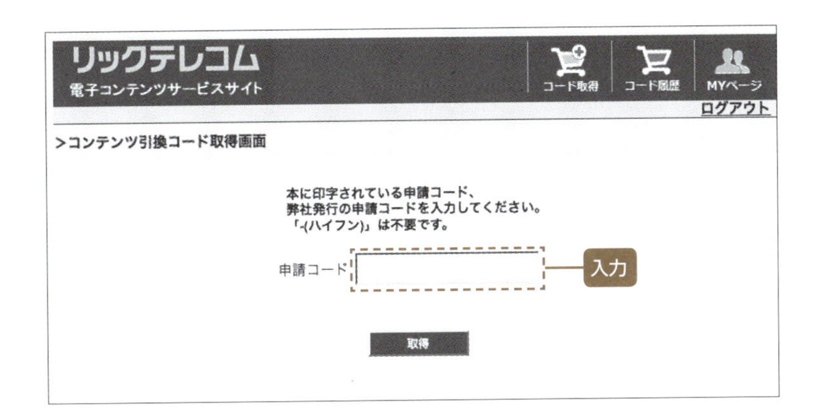

⑤『コンテンツ引換コード履歴画面』に切り替わり、本書の「コンテンツ引換コード」が表示されます。

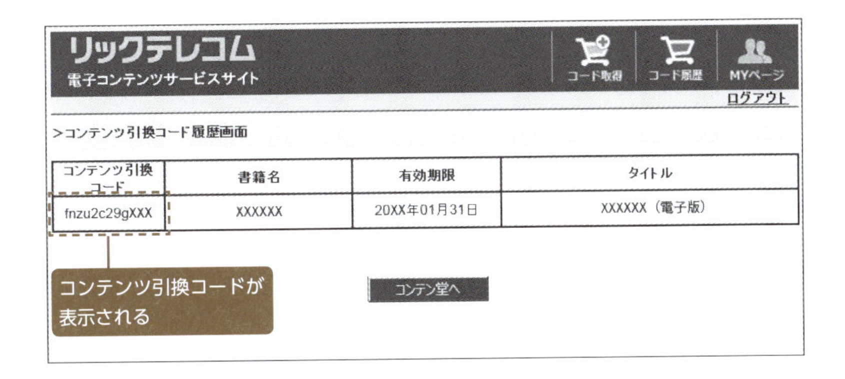

⑥［コンテン堂へ］ボタンをクリックします。すると、コンテン堂の中にある『リックテレコム 電子 Books』ページにジャンプします。

⑦「コンテンツ引換コードの利用」の入力欄に、いま取得した引換コードが表示されていることを確認し、[引換コードを利用する] ボタンをクリックします。

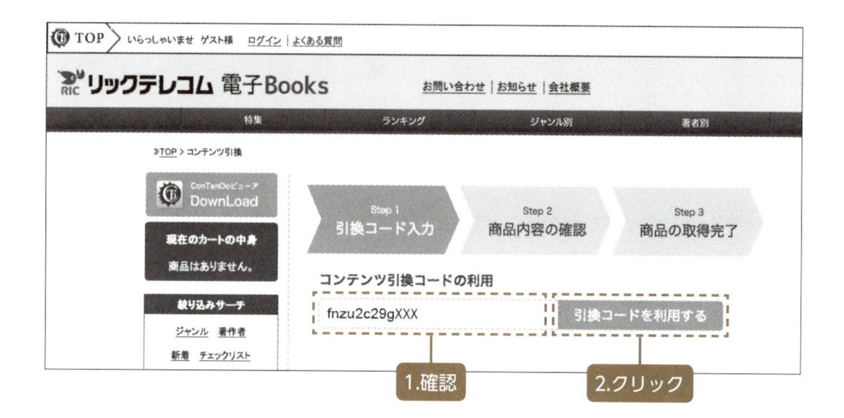

⑧ コンテン堂のログイン画面が表示されます。コンテン堂を初めてご利用になる方は、[会員登録へ進む] ボタンをクリックして会員登録を行ってください。なお、すでにコンテン堂の会員である方は、登録したメールアドレス (ID) とパスワードを入力して [ログイン] ボタンをクリックし、手順⑫に移ります。

⑨ 新規登録の方は、会員情報登録フォームに必要事項を入力して、［規約に同意して登録する］ボタンをクリックします。

⑩『確認メールの送付』画面が表示され、登録したメールアドレスへ確認メールが送られてきます。

⑪ 確認メールにある URL をクリックすると、コンテン堂の会員登録が完了します。

⑫『コンテンツ内容の確認』画面が表示されます。ここで［商品を取得する］ボタンをクリックすると、『商品の取得完了』画面が表示され、本書電子版コンテンツの取得が完了します。

⑬［マイ書棚へ移動］ボタンをクリックすると『マイ書棚』画面に移動し、本書電子版の閲覧が可能となります。

（＊）ご利用には、「ConTenDo ビューア（Windows、Android、iPhone、iPad に対応。Mac は非対応）」が必要です。前ページに示した画面の左上にある［ConTenDo ビューア DownLoad］ボタンをクリックし、指示に従ってインストールしてください。

本書電子版の閲覧方法等については、下記のサイトにも掲載しています。
http://www.ric.co.jp/book/contents/pdfs/download_support.pdf

ブロックチェーン システム設計

2018年　8月　2日　第1版 第1刷発行

著　　者　中村誠吾・中越恭平
監 修 者　牧野友紀・宮﨑英樹

発 行 人　新関 卓哉
企画担当　蒲生 達佳
編集担当　松本 昭彦
発 行 所　株式会社リックテレコム
〒113-0034 東京都文京区湯島 3-7-7
振替　00160-0-133646
電話　03（3834）8380（営業）
03（3834）8427（編集）
URL　http://www.ric.co.jp/

装　　丁　トップスタジオ デザイン室（轟木亜紀子）
編集協力・組版　株式会社トップスタジオ
印刷・製本　シナノ印刷株式会社

●訂正等

本書の記載内容には万全を期しておりますが、万一誤りや情報内容の変更が生じた場合には、当社ホームページの正誤表サイトに掲載しますので、下記よりご確認ください。

＊正誤表サイトURL

http://www.ric.co.jp/book/seigo_list.html

●本書の内容に関するお問い合わせ

本書の内容等についてのお尋ねは、下記の「読者お問い合わせサイト」にて受け付けております。また、回答に万全を期すため、電話によるご質問にはお答えできませんのでご了承ください。

＊読者お問い合わせサイトURL

http://www.ric.co.jp/book-q

●その他のお問い合わせは、弊社Webサイト「BOOKS」のトップページ http://www.ric.co.jp/book/index.html 内の左側にある「問い合わせ先」リンク、またはFAX：03-3834-8043にて承ります。

●乱丁・落丁本はお取替え致します。

ISBN978-4-86594-115-9　　Printed in Japan